Nikolai Ilyenko

Os padrões de comportamento animal mais importantes

Nikolai Ilyenko

Os padrões de comportamento animal mais importantes

ScienciaScripts

Os estereótipos animais vitais mais importantes

Palavras-chave*: comportamento e psique animal, nutrição e comportamento animal, reprodução e comportamento animal, linguagem e sistemas de sinalização, actividade mental animal, origem da actividade laboral, actividade de ferramentas animais, manipulação, altruísmo, agressão, cuidado de descendência, actividade de construção animal.*

Annotação

São descritos os principais comportamentos e psiques de alguns animais invertebrados e vertebrados, entre estes últimos sendo dada especial atenção às aves e mamíferos e especialmente aos primatas. Ao fazê-lo, todos os actos de comportamento animal são agrupados naqueles mais relacionados com a alimentação e naqueles relacionados com a alimentação e reprodução. A correlação entre o comportamento e a psique dos animais, bem como com o nível de desenvolvimento do seu sistema nervoso, é mostrada. É dada muita atenção a exemplos de reacções instintivas. O livro considera a presença da memória, o discernimento, o altruísmo, a agressão, a linguagem simbólica dos animais, etc. Os materiais podem ser valiosos para biólogos, antropólogos, psicólogos, profissionais médicos, veterinários, guarda de caça e amantes de animais.

Introdução

O comportamento e a psique dos animais estão intimamente ligados e dependem do nível de desenvolvimento do seu sistema nervoso. O estado da psique de um animal pode ser avaliado através da observação do seu comportamento na natureza. Ao estudar o comportamento animal, o zoólogo estará necessariamente interessado noutra ciência - a psicologia animal. A especificidade da etologia, uma ciência do comportamento *(o termo foi introduzido pelo paleontólogo Louis Dollo, autor de "Paleontologia Etológica", 1909),* é que o comportamento animal é explicado pela manifestação de hábitos externos em várias situações da vida, especialmente no que respeita à alimentação e reprodução (locomoção, manipulação, construção de abrigos, guarda de território, marcação de território, migração, procura de parceiros de acasalamento, cuidado dos descendentes, etc.). Os reguladores destas funções ou são instintos ou reflexos condicionados. Se o comportamento animal é determinado principalmente por instintos, então o comportamento humano é uma acção consciente. O estado mental de um animal, a sua capacidade de lembrar, planear, etc., só pode ser avaliado pelas suas manifestações externas, o seu comportamento. É impossível avaliar o estado mental interno de um animal sem analisar o comportamento. O etólogo e Prémio Nobel Niko Tinbergen escreveu: "Os especialistas europeus, que se intitulam 'etólogos', estudaram principalmente o comportamento instintivo, observando e experimentando no campo, em condições naturais para os animais. A escola americana de 'psicólogos' estava mais interessada no que pode ser aprendido sobre o comportamento sob condições laboratoriais controladas". Assim, tanto para um como para o outro, a base é o comportamento".

É o comportamento do animal que revela quão agressivo ele é, se está emocionalmente deprimido, se tem memória, se pode planear, etc. Nos animais, a psique e o comportamento estão intimamente interligados. Observando o comportamento dos animais, perguntamo-nos sempre: é o instinto ou o animal age conscientemente? Por exemplo, um cão lembra-se durante muito tempo de quem o magoou, determina inequivocamente as intenções até de um estranho, sabe se o ama ou odeia, sabe que comida é melhor para ele, conhece as regras de conduta no apartamento do dono, etc. A natureza específica da psique humana é que por vezes é independente, "escondida", e pode ser vista sem exibições comportamentais (choro, riso, ansiedade, emoções, memória, fantasia, etc.). O estudo da psique humana também se encontra em dificuldades de natureza metodológica. Não são feitas experiências em seres humanos. Só podem ser utilizadas experiências criadas pela própria natureza: o método dos gémeos, por exemplo, a utilização de placebos, a realização de sondagens, etc. Similar e diferente na psique de diferentes espécies e grupos de animais, bem como de animais e seres humanos, é estudada por psicologia comparativa. Uma vez que a psique é mais ou menos bem estudada em humanos e grandes símios, os resultados obtidos até agora sobre a psique de outros animais serão sem dúvida revistos e complementados no futuro.

As ciências da zoologia, anatomia e fisiologia do sistema nervoso, medicina (perturbações mentais não podem ser compreendidas sem o conhecimento da psique), antropologia, genética e outras estudam o comportamento e a psique.

As ciências do comportamento e da psicologia são ainda relativamente jovens e, além disso, ainda não existem métodos objectivos de investigação suficientemente precisos, a psique não é passível de experimentação.

No estudo da psique humana e animal, surgiram tendências independentes e historicamente determinadas. São psicologia comparativa, zoopsicologia, comportamentalismo, psicologia Gestalt, genética comportamental, e neurobiologia. A psicologia comparativa é um campo de comparação de características da psique humana e animal em diferentes níveis de desenvolvimento evolutivo. Aproximadamente as mesmas tarefas são enfrentadas pela zoopsicologia, que estuda a manifestação, padrões, e evolução da reflexão mental em animais que se encontram em diferentes níveis de desenvolvimento. O tema de investigação pelos zoopsicólogos é o comportamento e desenvolvimento de processos mentais em animais, bem como a pré-história dos processos mentais da consciência humana. Em particular, um grande material factual a este respeito é recolhido e apresentado nas obras de K.E. Fabri (1976), seus alunos (Deryagina, 1986; Meshkova, Fedorovich, 1996). Na Ucrânia, a dança das abelhas foi estudada por Levchenko N.T. et al. no Instituto de Zoologia, Academia de Ciências da Ucrânia.

O Behaviourism é um ramo da psicologia experimental americana fundada por J. Watson. De acordo com o seu conceito radical, o comportamento animal (e humano) é reduzido a um conjunto de reacções secretas e musculares do corpo a estímulos externos (o conceito de estímulo-resposta).

Os comportamentalistas não se preocupam em analisar os processos que ocorrem no cérebro, mas insistem em registar o comportamento de forma mais precisa e analisá-lo quantitativamente. "Aprendizagem", "inteligência" - estes conceitos são fundamentalmente ignorados pelos behavioristas.

Physiology of Higher Nervous Activity (PHA) - fundada no início do século XX pelo Prémio Nobel I. P. Pavlov - é um novo campo científico de estudo objectivo da base fisiológica da psique (incluindo a psique humana) através do método de reflexos condicionados. Mais tarde, o conteúdo deste conceito mudou significativamente.

A investigação em fisiologia humana e animal das TMD baseia-se numa abordagem integrada utilizando métodos neurofisiológicos, neuroquímicos e bioquímicos moleculares.

A psicofisiologia é um ramo da psicologia ligado à fisiologia da actividade nervosa superior. Centra-se no estudo das correlações entre fenómenos mentais e processos fisiológicos (reacções autonómicas e motoras), que são registadas através de métodos objectivos.

A psicofisiologia estuda predominantemente o indivíduo, pois só o indivíduo pode dar conta das suas experiências subjectivas e do seu estado mental. O objectivo, os métodos de investigação e o aparelho conceptual da psicofisiologia são geralmente os mesmos que os utilizados no estudo do corpo humano, mas não idênticos.

A etologia é a ciência do comportamento dos indivíduos no seu ambiente natural. Foi formada na década de 1930 com base na zoologia e teoria evolutiva. Os seus fundadores foram o cientista austríaco galardoado com o Prémio Nobel Konrad Lorenz (1903-1989) e o holandês Nicolas Tinbergen (1907-1988), que passou a sua vida a trabalhar em Inglaterra.

A etologia desenvolveu-se em estreito contacto com a fisiologia, genética populacional, genética comportamental, etc.

A psicologia Gestalt, um movimento que surgiu na Alemanha nos anos 20, tal como o behaviorismo, tentou criar uma antítese ao método de introspecção.

A psicologia gestalt não considerou os elementos primários da actividade mental como sensações individuais, mas sim imagens holísticas - gestos - que se caracterizam pela constância.

Na altura da sua emergência, a psicologia Gestalt estava directamente ligada ao desenvolvimento do problema do pensamento, e foi graças a ela que o estudo experimental da inteligência em animais passou por um ponto de viragem. Um dos mais famosos psicólogos Gestalt, Wolfgang Köhler (1925), foi o primeiro a provar a presença de elementos de pensamento ("insight") nos animais.

A genética do comportamento. O fenómeno da herança de traços de comportamento em animais e seres humanos é conhecido por aqueles que os observam constantemente. Esta tendência foi também intuitivamente compreendida por muitos cientistas durante muito tempo. Os seus representantes estavam envolvidos na análise dos mecanismos genéticos de comportamento, incluindo as capacidades cognitivas dos seres humanos e dos animais.

A motivação para o estudo da etologia e da psique animal é que: "O homem é a medida de todas as coisas: existente e inexistente" - um ditado do antigo pensador grego Protagoras). Por conseguinte, o significado destas ciências deve ser considerado na perspectiva do benefício humano (desenvolvimento da psique, emergência da fala, consciência, razão, criação da criança, fenómenos desviantes, perturbações mentais, etc.).

Para dar um exemplo: homens e mulheres nascidos por volta do mesmo período do ano terão uma esperança de vida diferente. Em média, os homens morrem 2-3 anos antes. Isto é normalmente explicado pela ocupação masculina com trabalho físico mais pesado, abuso de álcool, tabagismo, etc. No entanto, o estudo da população masculina de algumas espécies de mamíferos e aves mostrou que os seus homólogos masculinos também têm uma esperança de vida mais curta do que as fêmeas da mesma espécie. Portanto, a razão pode não ser a única explicação geralmente aceite. Para compreender questões como as razões da agressividade, altruísmo ou egoísmo, desordens de orientação sexual, destros ou canhotos, etc., deve-se olhar para a zoopsicologia e psicologia comparativa, a psique dos animais. Estas questões são também importantes quando se tenta domesticar, domesticar, criar em jardins zoológicos, caçar animais na natureza, etc.

Finalmente, o comportamento humano e animal e a psique têm tanto em comum que demonstram mais uma vez a unidade de origem e desenvolvimento de todos os seres vivos.

Métodos de investigação

Além dos métodos utilizados na etologia, tais como comparações, experiências e estatísticas, o método primitivo de observação é ainda hoje relevante, mas os métodos modernos de gravação de resultados tais como gravação de vídeo, filmagens em velocidade, gravação de voz, etc., aumentam significativamente o nível de precisão e naturalidade em relação aos resultados esperados.

O método de etogramação, que começou a ser utilizado na década de 1930 e foi pioneiro de Lorenz e Tinbergen. É um método de registo pormenorizado de elementos individuais do comportamento animal, sem analisar o comportamento do animal como um todo (o que é a sua desvantagem). Por exemplo, a manipulação de um animal.

O método de isolamento, especialmente para o estudo de elementos comportamentais inatos. Este método foi introduzido pela primeira vez por F. Cuvier (irmão de Georges Cuvier) quando observou crias de castor isoladas das suas mães imediatamente após o nascimento, nas condições do jardim zoológico de Paris, do qual foi director. Isto inclui também o método dos gémeos, embora este último seja utilizado principalmente no estudo do comportamento humano.

O método da muda ou do animal de peluche. Utilizado para investigar a impressão, comportamento agressivo, comportamento de acasalamento, cuidados com a prole, etc. Por exemplo, a colocação de ovos em ninhos de aves, utilizando predadores ou vítimas recheadas.

Um método de destruição de partes individuais do SNC ou isolamento de glândulas endócrinas individuais, seguido da observação do comportamento do animal.

Um método de implantação   eléctrodos em áreas do cérebro e a subsequente estimulação eléctrica de certos centros.

Métodos de telecomunicação, telemetria, marcação e análise, colocação de sensores sob a pele ou fixação ao corpo do animal e observação dos movimentos do animal na natureza através da recepção de sinais com receptores especiais, são instalados mesmo em satélites terrestres.

Método do anel, reflexos condicionados, efeitos de produtos químicos (estimulantes, tranquilizantes, hormonas, placebos), análise genética.

Métodos de treino animal, interrogação, tentativa e erro, estudos morfofisiológicos do cérebro e órgãos sensoriais, análise do comportamento de crianças com menos de 5 anos, análise de sinais animais quando estudam a forma como comunicam.

São também utilizadas técnicas de comportamento animal nas chamadas caixas de problemas e labirintos.

As gaiolas de Cramer, orientação do céu estrelado (foram realizados estudos em planetários), método de perseguição de aves durante as suas migrações utilizando aviões e helicópteros foram utilizados para estudar a orientação das aves no terreno.

Utilizando os resultados da investigação em biologia geral, anatomia e fisiologia do sistema nervoso, antropologia, psicologia, genética, zoologia, utilizando tecnologia inovadora para registar o comportamento animal, a sua sinalização em diferentes períodos de ontogénese, tem sido possível compreender muito sobre a actividade mental humana. Os animais servem de modelos no estudo da psique humana, para compreender a psique, o pensamento, a fala e a mente.

Os objectos da etologia são seres vivos desde protozoários a mamíferos e humanos, entre outros. Os animais com o sistema nervoso central mais desenvolvido foram estudados em primeiro lugar e acima de tudo. Não é coincidência que animais como aves e mamíferos tenham provado ser capazes de se dar bem com os humanos. O robô de Heinde contém dados sobre o comportamento de todas as classes de vertebrados, desde peixes a mamíferos e humanos.

Um breve esboço histórico

A ciência do comportamento animal "etologia" surgiu na década de 1930, graças à investigação científica de C. Lorenz e N. Tinbergen. A ciência da 'zoopsicologia' remonta ao século XIX. O nome da ciência foi dado por J.B.Lamarck em 1809 na obra "Filosofia da Zoologia". Neste livro escreveu o seguinte: As plantas percebem as mudanças do ambiente através do metabolismo, mas os animais mudam primeiro as suas necessidades, isto leva a novas acções, o que requer mudanças na utilização dos órgãos, o que leva à sua maior utilização e, consequentemente, ao seu desenvolvimento. As mudanças que ocorrem são herdadas (o seu erro, porque as mudanças de modificação, as mudanças adquiridas, não são herdadas. Mais precisamente, as modificações são realizadas como sendo herdadas apenas dentro dos limites da reacção da norma). Lamarck não destacou o homem como uma categoria especial. Ele considerava o homem como parte do reino animal e distinguia-o dos outros animais apenas pelo nível de consciência ou inteligência.

A psique era há muito tempo um tema de interesse antes de Lamarck. Por exemplo, o pensador universal grego Aristóteles (388-322 AC) acreditava que o homem tem uma alma imortal e os animais têm uma "alma senciente" mortal. O antigo médico grego Hipócrates (460-377 AC) foi o primeiro a sugerir os tipos de temperamentos, relacionando-os com as condições de existência.

A Idade Média era conhecida pela sua estagnação em todos os sectores da vida, era perigoso envolver-se na investigação científica especialmente em biologia e medicina, e só no início do século XVI d.C. com o início do chamado período renascentista é que as ciências como a medicina, biologia, matemática e outras fizeram um rápido progresso.

O filósofo francês René Descartes (1596-1650) cunhou o termo "reflexo". Ele acreditava que o homem tinha uma alma ou uma substância pensante, e que os animais eram autómatos sem sentimentos, razão ou conhecimento; ele criou uma doutrina psicológica, a que outros cientistas da época chamavam "Cartesianismo" (Cartesianismo em latim Descartes). A base da sua teoria era a crença de que o homem tem uma alma imortal. Descartes assumiu a existência de uma alma fora do corpo humano. A alma animal não pode existir para sempre, argumentou ele.

Outro cientista francês, Buffon (1707-1788), acreditava que as acções dos animais são reflexivas.

O termo instinto foi inicialmente definido pelo cientista alemão Reimarus (1694-1768) como "o resultado inato independentemente da intenção, reflexão e desenvoltura". Curiosamente, o termo 'instinto' foi utilizado pelos filósofos já no século III a.C. como a capacidade dos seres humanos e dos animais de realizar acções estereotipadas devido a um impulso interior. Os animais têm uma "capacidade semelhante à dos seres humanos antes da herança e da aprendizagem".

Leroy (1781), observando o comportamento dos animais, descreveu alguns instintos (obediência, açambarcamento de alimentos), ele acreditava que os animais têm todos os sinais de inteligência, porque evitam o que os pode ameaçar e procuram o que eles gostam, comparam e pensam. Desta forma, foi um dos primeiros investigadores a admitir o desenvolvimento das faculdades mentais dos animais. Frédéric Cuvier (1773-1837) foi o primeiro a experimentar em animais a fim de determinar o seu comportamento em condições criadas artificialmente (jardim zoológico). Era também da opinião que os animais têm uma actividade instintiva como uma qualidade inata, como uma força interior. Ao mesmo tempo, ele acreditava que certos instintos são inerentes apenas a certas espécies e não podem mudar. No entanto, Cuvier admitiu a presença da inteligência nos animais, o que facilita a aprendizagem e a utilização da experiência de vida. Ao comparar os cérebros de roedores, ungulados, carnívoros e malvados, tinha concluído que o desenvolvimento do cérebro tinha aumentado a importância da experiência na vida animal. Ele também ligou a evolução da psique animal a isto. Lamarck fez a distinção entre instinto e razão. Ele acreditava que a principal razão para a existência de instintos é a presença de necessidades internas (agora diríamos reflexos incondicionais, porque a definição de reflexos condicionados e incondicionais foi feita pela primeira vez por Ivan Pavlov), a motivação do organismo animal, que determina as acções instintivas.

Experimentando uma cria de castor que tinha crescido isolada dos seus pais, não tinha estado na natureza e não tinha conhecimento da construção de uma cabana num corpo de água, observou-se que o animal demonstrava o instinto de criar uma cabana. Ele também comparou o comportamento de representantes de roedores, ruminantes, cavalos, elefantes, predadores e orangotangos.

Uma direcção totalmente nova no estudo dos instintos surgiu com a publicação do livro de C. Darwin (1872) Sobre a Expressão de Opiniões em Animais. Darwin salientou que os animais também têm razão e não é uma questão de qualidade, mas de quantidade. Ele escreveu que existem instintos, a capacidade de aprender (animais) e finalmente a capacidade de pensar (homem).

O trabalho de Darwin (1872) "Sobre a expressão do sentimento nos animais", no qual utilizou a comparação dos instintos animal e humano como prova da origem comum do reino animal, incluindo os seres humanos. Darwin argumentou que os instintos eram a fase mais baixa da actividade inata em animais e humanos e que estavam intimamente ligados ao desenvolvimento do sistema nervoso. Ele acreditava que a experiência ou aprendizagem individual adquirida pelos animais não era essencial para a origem dos instintos.

O instinto não precisa de ser recordado. E, para transmitir a experiência, esta deve ser lembrada em primeiro lugar. Referiu-se ao facto de que as abelhas e formigas operárias, que são conhecidas por terem instintos altamente desenvolvidos mas que não se reproduzem e, portanto, não têm oportunidade de herdar genomicamente a experiência.

As partes superiores do SNC são responsáveis pelos comportamentos adquiridos.

O primeiro livro sobre zoopsicologia foi escrito pelo aluno de C. Darwin, J. Romanes, em 1882 sob o título "A Mente dos Animais". Contém muitos exemplos de comportamento animal, mas a sua apresentação de materiais foi antropomórfica, ou seja, todos os actos foram considerados por ele como dotados de características humanas. Em 1894. C. Lloyd Morgan em "Introduction to Comparative Psychology" criticou a abordagem antropológica de Romanes. Sublinhou que uma acção não deve ser explicada por uma faculdade mental superior se pudesse ser explicada por uma escala psicológica inferior. Caso contrário, deve ser escolhida a mais simples das duas explicações.

Uma das primeiras definições de instinto pertence a Reimarus (1694-1728), um cientista alemão, professor de matemática na Academia de Hamburgo. Ele escreveu o seguinte: todas as acções de animais da mesma espécie, que se manifestam sem experiência individual e são realizadas seguindo o mesmo padrão, devem ser consideradas como "o resultado puro do instinto natural e inato, independentemente da intenção, reflexão e engenhosidade".

Mais tarde, em 1914, o zoólogo alemão H. Ziegler também descreveu em pormenor os instintos. Ele acreditava que uma resposta comportamental instintiva é uma resposta que:

- é herdada (ou seja, fixada no genótipo);
- não é necessária qualquer pré-formação (ou seja, é realizada automaticamente);
- é realizado da mesma forma por todos os indivíduos de uma determinada espécie;
- está relacionada com o funcionamento normal dos seus órgãos;
- adaptados às condições naturais de vida das espécies, incluindo as mudanças sazonais e as mudanças nas condições de vida.

Ao contrário dos instintos, os actos de comportamento adquiridos de acordo com Ziegler são aquelas reacções que

- é baseado na experiência animal ;
- requer aprendizagem;
- Embora dependa da estrutura do corpo, não é condicionado por ela;
- é realizado por diferentes animais com base na experiência anterior de diferentes maneiras;
- adaptado às condições de um indivíduo e não de uma espécie.

Um dos atributos mais importantes do instinto é a sua notável constância em cada espécie animal. No entanto, isto não significa que as acções instintivas de cada espécie sejam exactamente as mesmas.

Um desenvolvimento mais sistemático do ensino tanto do comportamento animal como da zoopsicologia começou no século XX. A ciência clássica da zoopsicologia teve origem no quadro da psicologia, principalmente devido à necessidade de estudar a evolução das funções mentais superiores e dos processos de aprendizagem em animais.

A etologia clássica começou sob nomes diferentes: "investigação instintiva", depois "biologia comportamental" e outras. O conceito de instinto era central. A etologia moderna alcançou o seu apogeu nos trabalhos de destacados etólogos do nosso tempo - vencedores do Prémio Nobel: em 1973, na secção de fisiologia e medicina N. Tinbergen pelo seu trabalho "Investigação dos Instintos", 1951, K. Lorenz pelo estudo do comportamento das aves (foi ele quem descreveu e provou experimentalmente a existência da impressão) e Karl von Frisch pela descodificação de danças de abelhas.

Lorenz acreditava que diferentes comportamentos se baseiam nos chamados complexos de acção fixa (ou instintos), que são intrínsecos ao animal e mais frequentemente fixados geneticamente. De acordo com N. Tinbergen, os centros instintivos estão organizados hierarquicamente e, portanto, a energia da actividade reprodutiva, por exemplo, desencadeia uma série de actividades dependentes, tais como a construção de ninhos, o comportamento de acasalamento, o cuidado dos descendentes e assim por diante.

A zoopsicologia moderna estuda as capacidades cognitivas dos animais, e também estuda os animais como modelos experimentais para o estudo da psique humana.

Na Rússia, a investigação no campo da etologia foi iniciada por A.N. Severtsov (1922). Na sua obra publicada 'Evolução e a psique', escreveu que no processo de evolução, a psique desempenha um papel decisivo em certas situações. Ele era da opinião que, precisamente ao alterar o comportamento, aqueles indivíduos com capacidades mentais mais desenvolvidas teriam o maior sucesso em produzir as mais flexíveis, a maioria das capacidades plásticas e outras formas superiores de comportamento individualmente variável e acabariam por emergir como vencedores na luta pela existência. E foi neste aspecto que Severtsov viu o significado do desenvolvimento progressivo do cérebro na evolução dos vertebrados. O significado principal da distinção entre o instintivo e a variabilidade de comportamento adquirida foi analisado por Severtsov nos seus trabalhos: "Evolução e psique" (1922) e "As principais direcções do processo evolutivo" (1925). Ele acreditava que nos animais superiores (mamíferos) existem dois tipos de adaptações antes das mudanças no ambiente: (1) mudanças na organização (estrutura e funções dos animais) que ocorrem muito lentamente e dão a possibilidade de adaptação a muito poucas mudanças no ambiente, e (2) mudanças no comportamento dos animais sem mudanças na sua organização com base na elevada plasticidade das formas de comportamento não-hereditárias. Neste caso, a adaptação eficaz a mudanças rápidas no ambiente é possível apenas pela mudança de comportamento.

Etapas do desenvolvimento da civilização e da psique

A psique é uma função do sistema nervoso, especialmente do córtex cerebral e dos órgãos sensoriais. O sistema endócrino também está envolvido. O sistema nervoso existe apenas no reino animal e está ausente em organismos unicelulares, plantas e fungos. Irritabilidade e capacidade de resposta, a característica mais característica de todos os seres vivos, estão presentes nos representantes de todos os seres vivos. O movimento é também uma característica de todos os seres vivos, embora não se realize da mesma forma em todos eles. Os protozoários movem-se através da redução da tubulina, que se encontra em microtubos de flagelos e cílios. As plantas e os fungos movem-se quer devido a cineses (movimentos) - resultado de turgor (pressão intracelular) ou devido ao aumento da massa celular numa determinada direcção (uscii). É assim que as folhas giram, em direcção à luz, abertura e fecho de células de abertura, abertura e fecho de flores, heliotropismo - crescimento de células de rebento em direcção ao sol, geotropismo - crescimento das raízes na direcção da gravidade em direcção ao centro da Terra. Os movimentos dos organismos multicelulares (locomoção), que têm músculos, são realizados pela contracção de actina e proteínas de miosina. A actividade pré-psíquica das plantas e dos fungos explica-se pelo facto de conduzirem uma forma de existência apegada. Por causa disso, faltam-lhes músculos e um sistema nervoso. Os mecanismos reguladores (tais como estrutura e função das plantas, colocação das folhas, tamanho das flores, etc.) são realizados por fitohormones.

Em organismos unicelulares, todos os processos de vida são realizados através de membranas (nutrição, excreção, troca de gás e água). A regulação é também química. Em organismos multicelulares, o fornecimento de nutrientes, água, sais, vitaminas, trocas gasosas e a remoção de metabolitos da célula é efectuado pelo sistema circulatório. O fluxo de informação nestes organismos é realizado pelo sistema nervoso juntamente com os sensores e o sistema endócrino.

Além de avaliar o estado do ambiente, é necessária uma avaliação do self. Na filogenia, o sistema regulador primário deve ser considerado químico (hormonóides ou hormonas), que são produzidos directamente na corrente sanguínea por células individuais ou glândulas de secreção interna. As hormonas actuam sobre células-alvo específicas. Este tipo de controlo actua de forma relativamente lenta e não tratada. Outro sistema regulador é o sistema nervoso. Os impulsos transmitem a informação muito mais rapidamente e directamente para pontos específicos do corpo através das fibras nervosas dos axónios e dos dendritos das células nervosas.

O sistema nervoso aparece pela primeira vez em organismos multicelulares. Nos organismos colonizados, é o mais primitivo - do tipo difuso. Esta organização é chamada um sistema porque as células nervosas estão difusamente distribuídas pelo corpo, enterradas no mesoglobo, mas estão ligadas por crescimento em excesso entre semelhantes, bem como com formações musculares, secretas e sensoriais nas coberturas do corpo e formações tácteis nos tentáculos.

A fase seguinte na complexidade do sistema nervoso animal é o sistema nervoso ganglionar (dapdyun-node). Aqui vemos uma certa concentração de células nervosas. Cada gânglio individual controla um sistema particular do corpo: a cabeça com os órgãos sensoriais, o sistema locomotor e os órgãos internos (nos moluscos, por exemplo). Este tipo de sistema nervoso é inerente à maioria dos invertebrados, dos quais quase 1,5 milhões de espécies foram descritas até à data, agrupadas em 35 tipos. Apenas uma classe de artrópodes, os insectos, tem mais de 1 milhão de espécies (já descritas).

O terceiro tipo de sistema nervoso é o tubular. Este sistema nervoso passa pelas seguintes fases de desenvolvimento: a colocação apenas da medula espinal (lanceolado), uma extensão, depois três extensões (onde se encontram os centros dos três sentidos principais: olfacto, visão, audição com o órgão de equilíbrio) e por fim cinco extensões: forebrain, intermediate, middle, posterior e medulla oblongata. A superinteligência é servida pelo córtex cerebral. Não só isso - o córtex cerebral é a base estrutural para pensar, a mente. A matéria conhece-se a si mesma!!! O córtex cerebral, por sua vez, passa por três fases de desenvolvimento. No cérebro e na medula espinal existe uma cavidade no interior onde reside o líquido cefalorraquidiano. No cérebro, esta cavidade é chamada os mergulhos cerebrais (há quatro deles: 1 e 2 encontram-se paralelos nos hemisférios - no cérebro anterior, que se abrem para o terceiro - no cérebro intermédio e este, por sua vez, para o quarto - na medula oblonga e mais além - no canal espinhal). Aqui vemos uma concentração ainda maior de células nervosas: na medula espinal e no cérebro e em alguns órgãos internos (retina, ouvido interno, átrio do coração, intestinos, glândulas supra-renais). A parede intestinal contém a chamada medula intestinal representada por dois plexos de nervos não mielinizados: o Meissner e os nervos Auerbach com um número enorme de neurónios). O sistema nervoso tubular é o mais bem estudado porque também existe nos humanos. Há muito que recebe grande atenção de: morfólogos (anatomistas, histologistas e citologistas), fisiologistas, psicólogos. O córtex cerebral humano ocupa cerca de 40% da massa de todo o cérebro. Há uma tendência de complexidade crescente do córtex cerebral: córtex antigo - 1,2%, córtex antigo - 0,6%, córtex intermédio - 1,6% e córtex novo - 95,6%. O córtex nos animais é liso (por exemplo, nos mamíferos insectívoros) e gyrated (dobras e sulcos estão presentes em: primatas, predadores, cetáceos, elefantes, ungulados emparelhados e não emparelhados). O número de neurónios corticais e o número de ligações nervosas (sinapses) aumenta. Nos humanos, cada célula nervosa do córtex está ligada a 5-6 mil outras células ou aos seus ramos. Os centros sensoriais correlacionam-se com o desenvolvimento dos sentidos (Ganström acreditava que os receptores davam origem ao sistema nervoso).

Por exemplo, as aves têm um cérebro médio altamente desenvolvido, que contém o centro do órgão visual, porque o seu órgão visual tem o maior tamanho relativo em relação ao tamanho da sua cabeça. Nos músicos, o centro associativo do órgão auditivo e nos artistas, o órgão visual é mais grosso e o número de sinapses aqui é muito maior do que no homem normal (verificado e confirmado em experiências com ratos por microscopia electrónica e métodos histoquímicos). Os humanos têm centros da fala - zonas de Broca e Wernicke, que até os representantes dos grandes símios não têm.

Assim, a massa do cérebro, o número de neurónios, o número de sinapses de uma célula nervosa em todos os outros neurónios do córtex cerebral é de suma importância. Neste aspecto, aplica-se uma das leis da filosofia: *"A quantidade transforma-se em qualidade"!*

O nível de organização do sistema nervoso está estreitamente correlacionado com o nível de organização e especialização dos sentidos, com o movimento acelerado do animal no espaço, com o aumento da massa corporal e especialmente do cérebro com a capacidade de manipular objectos ambientais. Entre os animais, há vários picos no desenvolvimento do sistema nervoso, o nível de psiquismo: cefalópodes, insectos, aves e mamíferos. Entre pássaros, papagaios, corvos. Os maiores mamíferos têm a maior massa cerebral: as baleias têm 9kg, os elefantes têm 7kg. O tamanho relativo do cérebro ao peso corporal é muito menor. Rubicão (limite que separa os humanos dos animais: para humanos -700800g). No entanto, mais importante é o número de neurónios especialmente no córtex cerebral, o número de sinapses, a velocidade de reacção. O peso médio do cérebro humano é de 1450g. Os pesos dos cérebros de pessoas certamente notáveis do planeta eram ambiguamente diferentes. Cérebros de pessoas tão notáveis como Cromwell - 2200g, Turgenev - 2012, Pavlov - 1653g, Mendeleev - 1571g, Dante - 1420g, Libyche - 1362g, Borodin - 1352g, A.Frans - 1017g. Massa encefálica de diferentes grupos étnicos: os japoneses-1374g, os chineses-1430g, os ingleses-1456g, os franceses-1473g, os polinésios-1475g, os indianos-1514g, os enterros-1524g, e os esquimós-1558g. O volume da cavidade craniana (cm. cúbico): australopithecus robustus (ou então australopithecus massive) - 550cm, homo habilis -725cm, homo erectus -850cm, neanderthal -1700cm, homo sapiens e homo sapiens sapiens -1450cm. Os dados aqui apresentados mostram que o tamanho absoluto é certamente importante para a emergência da razoabilidade. No entanto, mesmo a diminuição do número de neurónios no cérebro na vida individual pode ser compensada por mecanismos de plasticidade dos contactos sinápticos. No cérebro, os processos de formação de novas sinapses são constantemente observados.

Uma vez que os humanos pensam por palavras, durante muito tempo, os cientistas nem sequer permitiram a ideia de que os animais podem ter memória, a capacidade de abstrair, planear as suas acções, etc. É importante saber sobre o assunto? Sem dúvida, é importante saber como surgiu a fala, a razão e o pensamento. Afinal, Charles Darwin chegou à conclusão de que as psiques humanas e animais diferem não qualitativamente, mas quantitativamente. Então, onde fica essa fronteira? Tanto os humanos como muitos animais são caracterizados por emoções, aprendizagem, altruísmo e egoísmo, impressão, discernimento, cuidado da prole, agressão, guarda do território que ocupam, medo, pânico, mímica, actividades de construção, hierarquia, socialização, etc.

Observou-se que os animais capazes de manipulação (membro, cauda, probóscide) são mais adaptáveis, capazes de aprender.

São mamíferos tais como primatas, castores, hamsters, elefantes, esquilos, rato-almiscareiro, nútria, kalan. A manipulação é um passo para a utilização de alfaias, seguido pela capacidade de construir, fazer, melhorar, etc. Mamíferos nascidos imaturos mais capazes (predadores, primatas, roedores). Os nascidos maduros são pares de mamíferos ecológicos, os habitantes dos espaços abertos (ungulados) são menos inteligentes. Os génios também ocorrem no reino animal. O macaque japonês, por exemplo, o mesmo indivíduo na mesma população fez duas "descobertas". Aprende a lavar vegetais antes de os comer, depois aprende a remover grãos da areia atirando areia com grãos para a água e apanhando grãos que tenham flutuado na água. É possível supor que esta espécie tenha visto este processo nos seres humanos, além disso, "lava" em água lamacenta, ou seja, inconscientemente. Mas verificou-se que apenas os adultos desta população podiam dominar tal operação. Os chimpanzés jovens e velhos não conseguiram aprender o processo. Os chimpanzés utilizam ferramentas (galhos) para extrair térmitas das tocas de cupins. Estas acções foram por vezes observadas por babuínos, que também se diz que gostam de comer térmitas, mas os babuínos são incapazes de preparar e usar galhos para este fim (R. Chauvin).

Um exemplo bem conhecido da classe das aves. Na segunda metade do século passado, um fenómeno veio à tona em Londres. Uma mama aprendeu a furar as tampas de alumínio das garrafas de leite com o seu bico e a beber um pouco do leite. Os empregados da loja deixariam estas garrafas debaixo das portas dos produtos dos clientes. Mais tarde, toda a população de mamas em Londres dominou este método de alimentação. Mas, naturalmente, só podem transmitir a sua capacidade aos seus descendentes demonstrando-a a outros indivíduos.

Ao nascer, entram em jogo os seguintes instintos: sugar, agarrar, proteger, orientar, defender, explorar, (interesse em tudo), herdar (imitação), etc., egoísmo, altruísmo. Alguns instintos são de curta duração após o nascimento e desaparecem, outros aparecem um pouco mais tarde (altruísmo aos 18 meses de idade) e mesmo mais tarde os instintos relacionados com a reprodução.

A ave do cuco, depois de pôr ovos nos ninhos de outras pessoas, perde o contacto com a sua prole. Então, quem ensina a ave do cuco a deitar fora os seus ovos e pintos à sua mãe adoptiva? Quem lhe ensina o canto específico do cuco? Embora alguns pintos de aves, criados por mães adoptivas, tenham sido conhecidos por aprenderem os cantos das suas mães adoptivas. (Chamam-se pássaros zombeteiros), mas o cuco só conhece o seu "cuco". Quem ensina o cuco cuco a tornar-se um parasita nidificador quando se torna uma ave adulta? Instinto, é claro. Aparentemente, este instinto está consagrado no genoma da espécie.

O cuco é um assunto bastante bem estudado, em que os instintos se manifestam de uma forma pura, sem serem complementados por aprendizagem, competências adquiridas no decurso da existência individual.

Cada espécie de ave tem a sua própria arquitectura de ninho. Só pelas características da estrutura e do material utilizado pela ave para construir o seu ninho é que os ornitólogos podem identificar inequivocamente as espécies de aves. Embora as aves façam algumas modificações à estrutura do ninho.

Um argumento de que os animais requerem de facto informações adicionais dos adultos, para além dos seus instintos, pode ser o seguinte. Por exemplo, em condições de isolamento, falta de contacto entre as crias e os seus progenitores (jardim zoológico, jaulas) e falta de comportamento lúdico com outras crias, os animais não se reproduzem ou não se reproduzem de todo. Por exemplo, os faisões (subespécie japonesa mantida em cativeiro para fins de caça) perdem o seu instinto para incubar os seus ovos. É muito problemático que as cobras se reproduzam em condições artificiais. Algumas fêmeas de mamíferos (leões, tigres, cangurus, babuínos, etc.) recusam-se frequentemente a amamentar as suas crias e os seus instintos sexuais (cortejo, rituais de acasalamento e cuidados com a prole) são distorcidos. Mesmo nos humanos, o isolamento leva à degradação, perda de memória e distorção mental. Nos seres humanos, os instintos sexuais são embotados por tabus sociais, cultura, religião, moralidade, consciência, medo. Pelo contrário, em alguns australianos aborígenes primitivos o acto sexual é ensinado aos jovens na presença daqueles que estão dispostos a ajudar com conselhos. Para os europeus isto parece uma blasfémia.

Já no início do século passado, Fabre descreveu uma modificação dos instintos nos escaravelhos graves. O estereótipo do besouro escava o solo desde debaixo do cadáver do animal até que o cadáver se afunde no solo. Quando o cientista colocou uma rede debaixo do cadáver, os escaravelhos mastigaram os fios da rede e depois procederam como instintivamente instruído. O escaravelho executa todas as operações estritamente sequenciais, uma após a outra. Mais tarde, este foi chamado o complexo de acção fixa (FAC). Assim, embora o instinto seja um esquema muito estável de funções, o besouro ainda é capaz de plasticidade, um desvio do plano de acção. É assim que se gostaria de dizer que um escaravelho age razoavelmente pensando.

Fabre também realizou observações sobre a vespa serpentina em enxame. Esta vespa perfura o gânglio do nervo torácico de grilos verdes com o seu ferrão, paralisando-os e arrastando-os depois para a sua toca, perfura o seu abdómen com a sua ovisceração e aí põe ovos, dos quais as larvas chocam e alimentam-se do tecido vivo da vítima - um grilo paralisado mas vivo. Todo o comportamento da vespa é composto por uma série de acções estritamente sequenciais. Procura o grilo, ataca-o, espeta-o no gânglio, arrasta-o para o seu buraco, insere o ovipositor no abdómen da vítima e põe os seus ovos. Fabre chamou a atenção para a precisão com que a vespa encontra a localização do gânglio desejado. Verificou-se que o padrão nas costas do grilo, que serve como um releaser, um ponteiro, serve de guia nesta operação. Há outra coisa interessante. A vespa puxa a sua presa, sempre pelas gavinhas. Se estes tendrilhos forem cortados, não utilizará outros órgãos (pernas, por exemplo) para puxar o grilo para o seu buraco.

Nas aves (andorinhas) foi demonstrado por Wagner que este modifica ligeiramente o seu instinto durante a construção dos ninhos dentro de certos limites. Ao fazê-lo, a andorinha utiliza a sua experiência individual anterior.

Assim, pode concluir-se que a consistência dos componentes de comportamento instintivo é essencial para a manutenção e desempenho das funções vitais mais importantes, independentemente de alterações aleatórias no ambiente em que o animal se encontra. Estes fixados nos componentes genotípicos do comportamento têm registado experiência ao longo de todo o percurso evolutivo das espécies. Isto contribui para a sobrevivência da espécie. Estes programas de acção não podem (e irracionalmente) ser facilmente alterados por influências externas irrelevantes e aleatórias.

Os animais, como todos os outros seres vivos, têm duas funções vitais principais: Alimentação e acções comportamentais relacionadas (procura de alimentos, avaliação da sua qualidade, armazenamento de alimentos), que assegura a sobrevivência da espécie (é constante e assume todas as fases da ontogénese) e reprodução e acções comportamentais relacionadas (puberdade, encontrar um parceiro de acasalamento, competição pela fêmea, construção de abrigos, guarda do território, acasalamento, crias de aleitamento, transferência de experiência, ruptura familiar) - necessárias para a sobrevivência da espécie. Dura apenas por um certo período de ontogénese.

Assim, tendo estudado as características básicas dos animais e a sua capacidade de adaptação no ambiente, podemos passar ao estudo dos padrões individuais de comportamento dos animais, para comparação com o comportamento humano.

Tal como é impossível separar a estrutura (estrutura) da função, é impossível imaginar a psique sem comportamento. Assemelha-se à mímica e ao estado mental de um animal e de um ser humano naquele momento. O comportamento mesmo de animais primitivos é um fenómeno muito complexo. O comportamento é determinado pelo genoma do animal. Os genes determinam uma certa gama (norma de resposta) de características fenotípicas (peso corporal, densidade do pêlo, coloração das penas das aves e muitas mais, parâmetros funcionais do corpo, comportamento, etc.) que podem variar e isto dependerá da interacção do genótipo e de factores ambientais. Todos os comportamentos desempenham um papel importante nos mecanismos de selecção natural: é seleccionada uma forma de comportamento que promove a sobrevivência do indivíduo. Isto é especialmente verdade no processo reprodutivo. Um animal que não produz descendência não desempenha qualquer papel na selecção.

Os animais vivem rodeados de diferentes estímulos (luz, som, cheiro, etc.) e estes são mais numerosos e variados na terra. O mecanismo de análise dos estímulos e a correspondente resposta comportamental aos estímulos faz parte do comportamento adaptativo. Estes sinais transmitem informações sobre a pertença dos animais a uma determinada categoria de idade, sexo, sobre o território que ocupam, sobre o estado do animal em cada situação de vida. Para além do genótipo, estes processos são regulados pelo sistema nervoso com os seus órgãos sensoriais e o sistema endócrino.

Os instintos não causam um rearranjo de comportamento porque são realizados de acordo com um programa claramente fixado no genoma. Este programa tem parâmetros de normas de reacção mais estreitos. Isto é evidentemente devido ao facto de apenas uma pequena parte dos neurónios ou centros estarem envolvidos neste processo. Por outras palavras, assemelha-se a um arco reflexo. Obviamente, quando um determinado comando de um centro nervoso é executado, o resultado do comando implementado do centro não afecta o centro de comando na direcção oposta. Por outras palavras, o resultado não pode fazer ajustamentos ao programa. Se uma certa mudança de actividade for introduzida para se obter um resultado, então outros centros operam. Por exemplo, o caso de um besouro a fazer um buraco na rede por baixo de um cadáver. A tarefa é executada pelas mandíbulas, não pelos membros do besouro, que apenas varrem o solo sob o cadáver. Regulação com influência de feedback, tendo em conta o erro, desvio do programa - este mecanismo de regulação é executado através da inclusão de ligações directas e de feedback entre o centro e o executor (membros) (comando para executar uma determinada acção) e os executores (comparação do comando com o resultado alcançado do comando executado).

A estabilidade do ambiente interno (homeostasia) é um pré-requisito para as funções vitais do organismo. Apenas nestas condições se realizam os processos bioquímicos e fisiológicos necessários. A quaisquer desvios, mesmo menores, da norma estabelecida, o sistema de interceptores reage e activa mecanismos fisiológicos de auto-regulação, em resultado dos quais estes distúrbios são eliminados. O académico P.K. Anokhin referiu tais mecanismos de auto-regulação a sistemas dinâmicos complexos, que funcionam de acordo com o princípio de feedback (afferentation feedback) e chamou-lhes *sistemas funcionais.*

Os ritmos biológicos, desencadeados tanto por factores ambientais internos (hormonas e metabolitos) como externos (luz, calor, gravidade, pressão atmosférica, composição do ar, química da água, etc.) desempenham um papel importante na regulação de todos os processos de vida no organismo. Isto é especialmente claro na regulação dos ciclos sexuais em animais. Em geral, o padrão de activação deste mecanismo é o seguinte: A luz, por exemplo, atingindo a retina, é modulada num pulso que atinge o centro do analisador do córtex cerebral, mais adiante a informação transformada atinge o hipotálamo Esta última produz libertadores sob a forma de impulsos eléctricos e hormonas, que são captados pela hipófise e subsequentemente transmitem hormonas tropicais à glândula tiróide (hormona tiróide), glândulas supra-renais (corticotrópicas), gónadas (gonadotrópicas), etc.д. Estas glândulas endócrinas produzem hormonas que são captadas pelas células alvo do sistema nervoso autonómico. Este último activa o sistema muscular. As hormonas destas glândulas também actuam na direcção oposta (hipófise, hipotálamo, etc.).

Além disso, os parceiros trocam informações como o cheiro das feromonas, o tipo de parceiro (a presença de características sexuais secundárias claras, a actividade do macho, a voz do parceiro, pela qual a fêmea determina a prontidão do macho para acasalar). Verificou-se que a saliva de porcos machos adultos, tem na sua composição uma substância química hidroxisteróide, que afecta o estado reprodutivo da fêmea, o ciclo estrogénico. O estado reprodutivo dos machos rhesus macaques é afectado pela actividade de secretariado dos ovários femininos.

Quando os ovários são removidos das fêmeas, não ocorre ejaculação nos machos que vivem nas proximidades, embora após a injecção destas fêmeas com a hormona estradiol, a actividade sexual masculina seja restaurada. Em ratos grávidos, depois de os contactar com a urina de outro macho, os embriões não se implantam ou as fêmeas já grávidas abortam.

Interacções animais numa biocoenose

As biocenoses são constituídas por produtores, consumidores e decompositores. Os consumidores de primeiro nível comem alimentos vegetais e parecem estar menos ameaçados pelo ambiente. No entanto, são presas por uma ordem ou nível diferente de predadores. Por conseguinte, tanto os consumidores de primeiro como de segundo grau precisam de manter a situação sob controlo a todo o momento. Ambos precisam do fluxo de informação, do fluxo de sinais, para um não ser comido e o outro para apanhar alguém para jantar. Ambas estas funções são controladas por sistemas analíticos robustos e sofisticados. Por conseguinte, os animais domesticados cuidados pelo homem (um cão, por exemplo), ao contrário do seu parente selvagem (um lobo) do qual o cão é descendente, são menos sensíveis, têm menor massa cerebral, velocidade de movimento mais lenta, podem comer não só comida de carne mas também comida de hidratos de carbono (papa de cereais), Por outras palavras, estão desadaptados à existência da natureza (só por isso não se deve libertar aves ou outros animais, que viveram em gaiolas durante muito tempo, na natureza, onde "viverão melhor") sem treino especial, formação de reflexos condicionados aos factores da vida selvagem.

Por outro lado, ambos os predadores - habitantes de espaços abertos (gatos grandes, hienas) e as suas possíveis vítimas (antílopes, zebras, girafas, veados) têm um córtex giraçado complexo, boa visão, sentido de olfacto, audição, e ambos são corredores rápidos e robustos. Pelo contrário, os animais protegidos que se escondem em tocas subterrâneas têm córtex liso sem sulcos e dobras (insectívoros, roedores), os descendentes nascem imaturos, são protegidos por toca, alguns têm protecção passiva (agulhas no porco-espinho, em rato toupeira - ficando permanentemente debaixo da terra). As aves de rapina (aves de rapina - águias, falcões e mochos) têm muito melhor visão do que os cereais e as aves insectívoras (passeriformes, etc.).

O objectivo dos chifres de mamíferos biungulados é, evidentemente, a protecção contra ataques de outros indivíduos ou predadores, mas na maioria das vezes os proprietários de chifres apenas demonstram força, tamanho do corpo, idade e não são um instrumento de ataque contra os seus concorrentes por direitos de acasalamento, por exemplo. Pode-se argumentar que a forma dos chifres, especialmente a direcção da parte terminal afiada em muitas espécies é dobrada para dentro (touros) ou dirigida para trás (antílopes), ramificada, torcida em espiral e assim por diante. Além disso, os cornos estão quase exclusivamente presentes em todas as espécies apenas nos machos; após o fim da época de reprodução, os cornos caem e depois voltam a crescer, começando no Outono, enquanto o perigo existe a toda a hora.

Os peixes defendem-se movendo-se em cardumes. É mais difícil apanhar um indivíduo num grupo.

Os anfíbios defendem-se principalmente pela fuga, mas as suas glândulas cutâneas também contêm veneno mais ou menos tóxico. Os anfíbios costumam assinalar isto vestindo cores brilhantes de diferentes cores.

Répteis: os pequenos fogem, os camaleões mudam de cor para corresponder à cor do substrato em que estão, muitos pequenos têm veneno como uma enzima salivar modificada da glândula salivar. Eles utilizam este veneno quando comem as suas presas e quando se defendem.

As aves ou se escondem em ninhos em árvores altas ou sentam-se em ramos de árvores. Além disso, quando a ave se senta, estes clipes dobram automaticamente os dedos e para deixar o ramo, a ave deve primeiro levantar-se, espalhando os seus membros e os clipes já não desempenham a sua função protectora.

Os mamíferos fogem escondidos em tocas (espécies pequenas), os mamíferos grandes - especialmente os que vivem em espaços abertos movem-se em bandos, os seus descendentes escondem-se entre os adultos, existe uma forma colectiva de protecção, recorrem ao uso de chifres, dentes, cascos, etc.

Uma das adaptações de defesa de algumas espécies de mamíferos é a camuflagem, tornando-os invisíveis contra o substrato, alterando o seu comportamento (escondendo-se). Especialmente importante é a coloração camuflada para as crias que ainda não são capazes de correr rapidamente, para fugir à perseguição. Por exemplo, as crias de Javali são às riscas (a propósito, as crias de porcos domésticos, um parente directo do Javali, já não são às riscas), os veados têm vitelos malhados, os vitelos de puma são às riscas, os vitelos de veado e leão são malhados, e os potros e lebres têm riscas pretas nas costas. Muitas espécies têm listras ou manchas de cabelo quando adultas. Têm smugas através do corpo - zebra, babirus, Nilgau, lobo da Tasmânia, mangusto e outros. Smaugestões ao longo do corpo em esquilos adultos. Mamíferos malhados: girafas, veados malhados, jaguar, leopardo da neve, cão hiena, chita, focas, caudas têm contrabando através da cauda. Manchas negras à volta dos olhos (óculos) no dormitório florestal, gazela de Thompson, panda, etc. A coloração de precaução é uma espécie de cartão de visita, um anúncio da inviolabilidade do seu proprietário. Ocorre especialmente em cobras altamente venenosas, víboras de classe anfíbia, gambás capazes de pulverizar uma mistura altamente fedorenta a uma distância de até 12m...

Os predadores têm mais graus de protecção (as crias nascem em tocas, outros abrigos), os predadores têm menos inimigos, as crias são imaturas e, portanto, os adultos têm mais tempo para transferir competências. A propósito, os vitelos imaturos brincam mais uns com os outros do que os maduros. Os ungulados não têm esse privilégio. As suas crias podem movimentar-se sozinhas após algumas horas e após uma ou duas semanas tentam comer a sua própria comida. Os pais e o rebanho como um todo protegem os seus descendentes. Tudo isto ajuda-os a sobreviver no meio dos predadores desde o momento em que nascem.

Os animais da mesma população não só se ajudam uns aos outros na defesa, como também mostram altruísmo (obviamente, inconscientemente, acidentalmente) em relação a animais de outras espécies e mesmo classes. Muitos desses exemplos podem ser encontrados no trabalho de P.A. Kropotkin (1902). Ele escreveu que na natureza, não há apenas competição, luta, mas também ajuda mútua. Foi realizada uma experiência com ratos. Um rato foi trancado numa gaiola enquanto o outro correu livre na sala. O rato livre lutou obstinadamente para abrir a gaiola do seu amigo. A próxima vez que ela fez a operação muito mais depressa. Em seguida, a experiência foi realizada com um grupo de ratos. A experiência foi tornada mais complicada. Numa gaiola foi colocada comida para os ratos e na gaiola seguinte um rato foi trancado, que teve de ser libertado por um grupo de ratos. Os ratos primeiro libertaram o seu companheiro rato e só depois continuaram a comer a comida. É de salientar que os ratos não foram treinados para ganhar a experiência de abrir a porta da gaiola!

Outro exemplo interessante com os chimpanzés. Um animal foi colocado numa gaiola, o outro estava fora da gaiola ao seu lado. O chimpanzé enjaulado tinha comida, o que estava fora da jaula não tinha. O chimpanzé enjaulado começou a servir uma parte da comida ao chimpanzé livre.

O altruísmo não é apenas inerente ao homem, mas também aos animais. Mas o altruísmo baseado na empatia não é inerente aos animais. O altruísmo é um princípio moral, que reside no serviço desinteressado a outras pessoas, na prontidão de sacrificar os seus próprios interesses em seu benefício. Os interesses dos outros ou o bem comum estão acima do interesse próprio. Skinner F. chegou a esta conclusão: 'Só apreciamos as pessoas pelas suas boas acções quando não conseguimos explicar os seus motivos'. O altruísmo familiar é mais pronunciado nas relações no seio da família (mecanismo de ajustamento comum). O altruísmo nos animais está inconsciente. Os benefícios do altruísmo excedem os danos que este provoca.

As aves sinalizam ao seu grupo que um inimigo se aproxima, mas ao avisar outras aves, a ave altruísta ataca primeiro o próprio perigo. Os actos de altruísmo mais comuns e mais pronunciados entre os animais são cometidos por indivíduos pais, especialmente as mães, em relação aos seus descendentes. Um exemplo de altruísmo é o caso descrito e documentado pelo zoólogo sul-africano Dick Reckasel. Uma das filmagens mostra um crocodilo a esgueirar-se num antílope num charco. Um dos antílopes foi incapaz de escapar. Apenas alguns segundos a separaram do predador traiçoeiro. Mas um hipopótamo próximo juntou-se na sangrenta batalha e o crocodilo abandonou a sua presa e desapareceu na água. O antílope exausto conseguiu chegar a terra e deitar-se perto da água. O hipopótamo retirou-o da água. E mesmo quando o antílope morreu de perda de sangue, o hipopótamo passou cerca de um quarto de hora a afastar os abutres que ali tinham começado a afluir. Outro exemplo de altruísmo entre as aves. Havia pegas num dos aviários do jardim zoológico, às quais foi dada muita comida. Os zoólogos ficaram surpreendidos ao ver como, em fortes geadas, os familiares começaram a voar antes destas aves em cativeiro. As pegas começaram a passar comida através das barras para as pegas livres.

Agora muitas pessoas sabem que os cães, os gatos acolhem frequentemente gatinhos órfãos, esquilos, filhotes de tigre e até pintos, cuidando deles como se fossem os seus próprios bebés. Os golfinhos apoiam indivíduos doentes ou feridos da sua espécie nadando debaixo deles durante muitas horas enquanto os empurram para a superfície para que possam respirar.

O altruísmo é uma manifestação de comportamento social. Nas crianças, as tendências altruísticas surgem por volta da idade de 1,5 anos. Por conseguinte, alguns cientistas acreditam que o altruísmo é um fenómeno inato. No entanto, existem provas igualmente convincentes da origem social do altruísmo. Se os próprios pais adultos demonstram frequentemente altruísmo, os seus filhos também começam a demonstrar altruísmo. Pelo contrário, a falta de comportamento altruísta dos pais é muitas vezes acompanhada pela falta dele por parte das crianças. Uma pessoa que se comporta como um altruísta quase nunca é agressiva e, inversamente, uma pessoa que exibe um comportamento agressivo não é normalmente altruísta.

Há duas perspectivas sobre esta questão. A primeira posição é a chamada posição "biológica". Darwin e Spencer são considerados como os seus fundadores. Esta teoria foi desenvolvida por P.A. Kropotkin e Efroimson. A mesma opinião foi defendida por J.Haldane, G.Dobrjanski e entre os cientistas modernos por B.Mednikov e outros. Uma posição alternativa é a social, que foi apresentada e substanciada por I.P. Pavlov. Argumentou que o altruísmo é um produto da cultura, e está ligado ao segundo sistema de sinais. Isto poderia ser verificado comparando gémeos idênticos criados em famílias diferentes, com condições materiais, culturas, etc. diferentes. Uma das obras fundamentais relativas a este problema é "Cultura e Ética" de Albert Schweitzer, médico alemão, filósofo, humanista.

Corvos e pegas formam frequentemente "concertos" durante a época de reprodução na Primavera, quando um gato ou cão se aproxima do seu ninho. Os castores, não se preocupando com a sua própria segurança, batem com a cauda na água, alertando os outros e não apenas os castores para o perigo.

O tratamento dos animais feridos varia. Algumas aves acabam com os feridos e comem-nos. Corvos e pegas reúnem-se com gritos especiais e voam em auxílio dos feridos. Os gansos, tendo perdido alguns dos seus, ficam muito excitados e ansiosos, e atacam qualquer animal que carregue algo negro no seu bico.

Existem vários tipos de autodefesa em animais. Existe uma forma passiva de auto-protecção em crias, o resultado da selecção natural. Os vitelos mamíferos, especialmente os que vivem em espaços abertos, são camuflados. A cor da sua pelagem é semelhante à cor do substrato: (branco - na neve, amarelo - na areia, manchado e listrado - na relva, especialmente para os animais que vivem na floresta, onde as condições de luz mudam frequentemente). Uma outra forma é permanecer invisível por espreitar. Os animais adultos perdem a sua coloração de camuflagem após a moldagem. Os machos, pelo contrário, são expressivamente coloridos e têm vários padrões e cores para atrair as fêmeas e fazer com que as fêmeas reconheçam os machos como representantes da sua própria espécie. Os animais adultos defendem-se, cada um à sua maneira: congelam-se no lugar, amontoam-se contra o substrato, assustam-se ao soprarem ou imitando grandes dimensões para afugentar potenciais predadores (lagartos), brincam aos mortos, esguicham líquido fedorento (gambás), fogem, finalmente. Existe uma defesa colectiva, por exemplo, nos cães dos prados (suricatas) da América, através da seguinte técnica. Um ou mais membros de um ninho comum ficam perto da própria toca nas patas traseiras, apoiando-se na cauda e olhando em diferentes direcções. Ao localizar algo novo, desconhecido para eles, eles começam a assobiar. Todo o rebanho corre para as suas tocas, os últimos a esconderem-se são os observadores, os guardas. Algumas pequenas aves, enquanto incubam os seus ovos, distraem os humanos, por exemplo, do seu ninho fingindo mutilação: esticam as asas, movem-se lentamente, coxeando, e de repente descolam e circulam de volta para o ninho. Os morcegos assustam os intrusos ao urinar em animais que aparecem perto da sua colónia.

Nutrição e comportamento animal

Obtenção, extracção, colheita de forragens.

As funções mais importantes de qualquer organismo vivo são as de alimentação e reprodução. Estas são as funções mais importantes de qualquer organismo vivo.

Após o nascimento, alguns organismos alimentam-se primeiro dos restos da gema de ovo (peixes, anfíbios, pássaros bebés), as larvas de peixes ósseos e os anfíbios alimentam-se primeiro de detritos, larvas de insectos, vermes, etc. Estas funções são desempenhadas de forma instintiva. Nos mamíferos, as crias são alimentadas pelo leite das glândulas leitosas. Os primeiros passos do bebé para encontrar um mamilo e amamentar são programados para o genoma. A mulher, especialmente a experiente, não está despreocupada. Ela dirige as acções do bebé. Por exemplo, as cadelas ou gatos deitados de lado, dobram os seus corpos num semi-círculo e empurram a cabeça do bebé em direcção aos mamilos. Os vitelos maduros encontram a glândula mamária muito rapidamente, talvez guiados pelo cheiro do leite.

Encontrar comida é uma tarefa difícil e árdua, mesmo para um animal adulto, especialmente para um predador. Mas os animais são bastante bons a julgar a qualidade dos alimentos. Não tocam em plantas venenosas. Algumas espécies, no decurso do desenvolvimento evolutivo, desenvolveram uma resistência a certas toxinas que fazem parte das plantas (em ouriços antes da cicuta). Assim, as abelhas, encontrando as flores certas com néctar e exactamente aquelas a que o comprimento da sua probóscide é adaptado, memorizam e transmitem esta informação a outras abelhas da colmeia nativa por actos motores, a que Carl von Frisch - Prémio Nobel, que há muito estuda este fenómeno, chamou a dança das abelhas. Descobriu-se recentemente que as abelhas aprendem muito rapidamente, memorizam a coloração, os sinais de cheiro e mantêm-nos na memória durante muitos dias ou até mesmo semanas, rapidamente se reciclando. Os sinais sob a forma de danças trazem informações sobre a distância das flores à colmeia, a direcção do movimento em relação aos lados do mundo, o abastecimento alimentar, etc. Grupos especializados de abelhas, as abelhas operárias, recolhem as presas. Claro que, na maioria dos casos, esta é uma resposta instintiva, contudo, como se pode explicar, se não por experiência, que as populações de abelhas alemãs, italianas e egípcias apresentem distâncias diferentes da colmeia às plantas desejadas: aproximadamente 75 m para as alemãs, 25 m para as italianas e 5 m para as egípcias?

As aranhas tecem uma rede e penduram-na entre as árvores, um fio de sinal, que se estende desde a rede até à emboscada, na qual a aranha se esconde, ele mantém na sua garra o tempo todo. Quando uma mosca ou outro insecto fica enredado nesta rede, a aranha sente a rede oscilante, solta rapidamente o fio e a rede, enrolada, entrelaça a presa mosca. A aranha corre para ela, perfurando o seu abdómen com chelicerae, injecta saliva (com enzimas digestivas) e deixa por algum tempo até ao fim da digestão das vísceras das moscas, depois regressa e bebe alimentos já digeridos (digestão extra-gástrica). Cada espécie de aranha tem um padrão de malha diferente. Quando uma aranha foi injectada com determinado composto químico (LSD ou cafeína), começou a tecer uma teia de estrutura diferente, e esta estrutura mudou da mesma forma para o efeito da mesma substância e nesta e em outras aranhas desta espécie. Assim, esta propriedade pode ser utilizada em medicina legal para identificar produtos químicos no corpo de uma pessoa que toma drogas, por exemplo.

Os grandes felinos (tigres, leões, chitas) caçam as suas presas tanto individualmente como em grupo (orgulho), perseguindo e perseguindo animais. Em regra, escolhem animais ainda jovens e menos experientes, ou animais doentes, fracos e velhos (apenas aqueles que correm lentamente ou não se comportam como outros animais), matam-nos usando sempre a mesma táctica, mordendo em locais mais vulneráveis (mordendo na zona do pescoço, onde grandes vasos sanguíneos são superficiais ou tendões dos músculos dos membros, colocando o sistema de locomoção fora de acção). As técnicas tanto de caça como de abate são registadas no seu genoma, e alguns elementos são obtidos através do jogo, suplementados pela observação de outros animais caçando, e desenvolvidos através de tentativa e erro independentemente em cada nova situação de vida.

Os lobos caçam em matilhas, separam um animal do rebanho principal, rodeiam-no, e depois conduzem-no até que a presa se esgote e matam-no. O seu comportamento de pré-comer não é caótico, mas estritamente integrado de acordo com a sua hierarquia.

Os anfíbios insectívoros alimentam-se sempre apenas de alimentos vivos, ou melhor, apenas de alimentos que se movem. Isto deve-se à função do seu órgão visual. O olho anfíbio (estudado em rãs) não produz movimentos sacádicos e, portanto, a rodopsina não poderia recuperar se a presa estivesse imóvel (neste caso, a luz actuando permanentemente divide a rodopsina, que é recuperada já na escuridão). Por conseguinte, esta falta de função ocular é compensada pelo movimento da vítima. Até agora tudo parece claro - instinto! Mas acontece que se um sapo apanha acidentalmente uma abelha e a pica pela sua língua ou boca, lembra-se dos seus contornos e não faz mais tentativas de apanhar abelhas.

As aves e os mamíferos têm uma boa memória da qualidade dos alimentos, dos efeitos negativos de certas espécies vegetais. Sabe-se que ocorre auto-medicação (em gorilas e cães). Os animais doentes encontraram plantas com propriedades medicinais e foram curados comendo-as.

Formas sem pernas de répteis (cobras, cerca de 10% das quais são altamente venenosas). Uma enzima de glândula salivar modificada é o veneno das cobras que utilizam para matar as suas presas e se defenderem. Este veneno (enzima) decompõe as proteínas da vítima morta e engolida. Tentou-se alimentar artificialmente uma cobra venenosa introduzindo um rato morto no sistema digestivo de uma víbora sem ser mordido primeiro pela cobra. Tal alimento foi digerido pela víbora por muito mais tempo do que o alimento picado.

Diferentes espécies de aves e mamíferos comem membros de quase todos os reinos, desde as algas unicelulares aos mamíferos. Cada grupo individual destes animais tem adaptações especiais para o processamento mecânico dos alimentos e a própria digestão (lábios, língua, dentes, glândulas salivares, etc.). O princípio da alimentação das crias difere, em primeiro lugar, dependendo do grau de maturidade dos recém-nascidos. As aves e mamíferos imaturos precisam da ajuda dos seus pais durante muito tempo, enquanto as aves de criação e os mamíferos maduros começam a alimentar-se a si próprios muito cedo.

Os animais estão bem adaptados aos artigos alimentares. Quando os alimentos (principalmente insectos) são escassos, os animais ou migram ou migram gradualmente à medida que as suas presas desaparecem para áreas de alimentação mais ricas. Uma adaptação interessante (comensalismo) é conhecida em pelicanos e corvos-marinhos. Os pelicanos não podem mergulhar e, portanto, apanhar peixe por armadilhas. Vêm em semicírculo e batem as asas para levar o peixe até à costa. Ao mesmo tempo, os corvos-marinhos, adaptados para mergulhar directamente do ar, também conduzem os peixes para a costa, capturando-os em águas profundas. Os pelicanos apanham peixes com um saco especial de couro debaixo do bico, enquanto os corvos-marinhos apanham peixes que se encontram mais perto do fundo do reservatório. Quase todos os anfíbios e pequenos répteis que vivem em regiões onde os insectos desaparecem durante a estação fria, e nem todos os vertebrados podem migrar, estes últimos caem num torpor (hibernação). Os animais que migram longas distâncias devem primeiro acumular nutrientes nos seus corpos (isco). Quando começar a preparar-se para a migração é um acto inconsciente. Este processo é governado pelo instinto e pelo relógio biológico. Vejamos outra adaptação - hibernação. Como é que os animais hibernantes sabem que a Primavera está aqui, que há comida suficiente na natureza, e que está na hora de acordar?

O tempo não é registado no cérebro humano (não nos lembramos dele). Podemos estar cientes do tempo recordando acontecimentos que tiveram lugar no passado. O tempo é uma ordem de eventos: um evento foi mais cedo ou mais tarde do que outro. Os animais têm uma memória figurativa do passado. É claro que podem lembrar-se de coisas que lhes aconteceram uma vez, mas não podem contar a outros animais, só podem transmitir a experiência por demonstração directa, aprendendo. O tempo que foi no passado é o dos acontecimentos que tiveram lugar no passado. O que foi 100 mil horas antes? Ninguém lhe dirá directamente. Mesmo à pergunta: o que foi 100 horas antes? Começamos então a operar com eventos que tiveram lugar.

As migrações estão também ligadas à alimentação e reprodução dos animais. Porque é que as aves, por exemplo, voltariam de condições aparentemente favoráveis tanto para a alimentação como para a reprodução e criação das suas crias para condições menos favoráveis (as regiões polares, por exemplo). Contudo, neste momento, há menos concorrentes no Norte do que em África, por exemplo, e muito mais insectos. As migrações podem ser regulares ou irregulares. As migrações regulares são movimentos regulares de animais no espaço. Caracterizam-se por uma clara sazonalidade, reestruturação de todos os sistemas funcionais do organismo de acordo com as especificidades da migração, e movimentos de massa (populações inteiras de animais). Tais migrações são conhecidas em quase todas as classes de vertebrados, embora não em todas as espécies. A base fisiológica deste fenómeno tem sido estudada com suficiente detalhe em peixes e aves. Sabe-se que as migrações de peixes são de três tipos: desova (migrações para locais de reprodução), alimentação (forragens) e invernada. As migrações de peixes dividem-se em anádromos (do mar para os rios) e catádromos (na direcção oposta).

As migrações de aves são movimentos anuais regulares de toda ou parte de uma população fora da sua área de reprodução, com pelo menos algumas aves a regressarem necessariamente. A forma regular de migração caracteriza-se por altas velocidades de voo em longas distâncias. Em 1989, utilizando radiofaróis de 180g, cujos sinais foram registados pelo satélite terrestre, foi provado que um albatroz voou 15200 km em 33 dias a uma velocidade de 56,1 km/hr, e a sua velocidade máxima de voo foi de 81,2 km/hr.

Durante o período de migração, as aves têm um estado migratório especial, caracterizado por um aumento do peso corporal devido à deposição de gordura, orientação do movimento para a migração, perda de territorialidade e aumento do afluxo.

Antes de migrarem, as aves primeiro em pequenos grupos e depois em bandos de dezenas ou centenas de indivíduos. Existem vários tipos de bandos: simples, onde não há diferenciação, todas as aves são iguais, a distância e a colocação dos indivíduos no bando satisfazem as condições aerodinâmicas ideais de movimento e mudam de acordo com a velocidade, força e direcção do fluxo de ar; o bando com um líder ocorre quando um complexo de reacções sucessivas, pelo menos temporariamente, sobre alguma ave individual, o que muda a altura e a velocidade do voo, escolhendo a direcção orientando-se ao longo de desfiladeiros, margens de rios, bebedouros de rios, etc. Tais bandos são característicos de grandes aves, que se encontram em formação de cunha ou linha no ar (gansos, pelicanos, corvos-marinhos). Um pássaro que voa à sua frente cansa mais do que aqueles que o seguem, pelo que periodicamente mudam de lugar. O que é que serve como indicador de reagrupamento? Será talvez altruísmo ou competição?

A orientação e a navegação durante as migrações é um problema muito complexo. O comportamento de orientação é hereditário, uma vez que as aves que vivem isoladas em condições normais mostram uma orientação astronómica.

Para além das migrações regulares, há também migrações irregulares, que não ocorrem num ciclo anual, mas aproximadamente de três em três ou de cinco em cinco anos. São características tanto de invertebrados como de vertebrados. Por exemplo, migrações irregulares de gafanhotos. Os gafanhotos migram de duas formas: na sua fase larval movem-se no solo, e os insectos adultos migram em grandes bandos (nuvens de gafanhotos). As larvas mostram maravilhas de coordenação. Todas as larvas são orientadas numa determinada direcção, repetindo completamente os movimentos de uma. Os adultos movem-se rapidamente e voam por vezes a alturas de 2000 m ou mais. A coordenação do movimento no gafanhoto migratório não é tão clara como nas larvas.

As migrações irregulares são caracterizadas por algumas características comuns. Ocorrem a intervalos relativamente longos e as suas causas são ainda desconhecidas. Chama-se a atenção para o peculiar estado mental dos migrantes. As migrações irregulares estão em conflito directo com o instinto de conservação das espécies, uma vez que muitas vezes levam à morte em massa de animais. Fica-se com a impressão de que os animais estão em pânico, e que o pânico é contagioso. Os migrantes arrastam frequentemente animais de outras espécies com eles. Assim, é conhecido pelos lemingues, que após alguns anos (mais frequentemente após quatro) repetem o movimento de massa na mesma direcção. Nenhuma barreira os detém, nem mesmo o oceano em que morrem em massa.

As aves são muito boas em se orientarem através de casa (para a casa onde vivem). É assim que os animais domesticados e domesticados se orientam: pombos, galinhas, gansos, Algumas aves (pombos) reconhecem o seu hospedeiro que os mantém mesmo numa multidão de pessoas. Os invertebrados também se orientam após o regresso a casa. A abelha navega por sinais no solo, o sol (considerando o seu movimento ao longo do dia) e linhas magnéticas de força. Para este fim, a abelha tem células no seu abdómen nas quais são identificadas microesferas de ferro.

Durante muito tempo, não se sabia como o salmão encontrava o seu local de nascimento num determinado rio ou nos seus afluentes. Sabe-se que a água de cada rio, fluindo de uma determinada área terrestre, tem um conjunto de certas impurezas químicas que o salmão reconhece. As espécies de tartarugas marinhas põem os seus ovos no oceano, enterrando-os na areia. Porque é que as tartarugas bebés correm rapidamente em direcção à água depois de saírem do ovo e não o contrário da água? Claramente, esta reacção é inata, mas o que guia as suas acções (ruído do surf, cheiro de água)?

Há outro fenómeno interessante inexplorado nos animais. Esta é a premonição de terramotos e erupções vulcânicas. Já alguns dias antes do cataclismo (em 2011 foi notado em sapos em Itália durante uma erupção vulcânica, também foi notado para outras espécies animais durante tsunamis e terramotos) os animais deixaram de se reproduzir e depois desapareceram subitamente em algum lugar. Talvez tenham algum órgão sensorial especial que perceba as vibrações da terra. Mas pode antes ser explicado por uma maior sensibilidade do que os humanos aos seus órgãos ou sensores sensoriais conhecidos. Mas mais uma vez o mistério, o que os faz sair de uma área onde estão prestes a ocorrer acontecimentos cataclísmicos? Medo, pânico, a noção do próprio cataclismo? Afinal de contas, eles nunca o experimentaram.

Partilha de alimentos

Em condições ecologicamente difíceis, quando há escassez de alimentos na natureza, a especificidade da sua extracção, os animais são capazes de cuidar não só de si próprios mas também de mostrar altruísmo para com outros indivíduos da sua população, no interesse de toda a espécie. Este é especialmente o comportamento de grupos mais organizados (animais sociais: abelhas, formigas), e entre vertebrados - aves e mamíferos. Por exemplo, quando uma formiga faminta encontra outra formiga na sua propriedade, a formiga esfomeada toca-lhe com as suas gavinhas e, se estiver cheia, regurgita imediatamente alguma da sua comida e a formiga esfomeada come-a.

Um tipo de formiga, a formiga de mel, utiliza armazéns subterrâneos com o seu próprio tipo de "barris" de mel. O papel dos pratos é desempenhado pelas grandes formigas operárias, que têm uma capacidade fortemente desenvolvida de acumular alimentos no bócio. Tais formigas não são adequadas para qualquer outra função, pois desempenham o papel de utensílios vivos. São penduradas no tecto do armazém, e durante as horas de fome as formigas de barril dão a capacidade do seu bócio aos outros membros do ninho por gotas. Um desses "barris" pode alimentar centenas de formigas durante uma quinzena. Outro grupo de formigas é o das formigas leafminer sul-americanas. As formigas podem desflorestar completamente uma árvore em poucas horas. Com as suas mandíbulas, esculpem pedaços de folhagem e levam-nos para o ninho. Aqui esmagam os pedaços, humedecem-nos com a sua saliva e fertilizam-nos com os seus próprios excrementos, preparando assim um meio vivo para o cultivo de cogumelos. No seu ninho têm câmaras - estufas, com quase um metro de comprimento e 30 centímetros de largura, nas quais a temperatura e humidade necessárias para o desenvolvimento de fungos micélicos são constantemente mantidas. Têm câmaras de estufa no seu ninho. Para fazer um novo ninho, cada jovem fêmea captura um pedaço do fungo da cultura-mãe num bolso especial da rotação. Desta forma, a estirpe do cogumelo é transmitida de geração em geração de formigas.

Os morcegos (vampiros) nem sempre conseguem alimentar-se do sangue de animais de sangue quente; é difícil para eles encontrar uma vítima e tirar o seu sangue. Assim, aqueles que o conseguem fazer, quando regressam a sua casa, regurgitam parte do sangue e partilham-no com outros indivíduos da colónia que não têm a sorte de se alimentarem a si próprios.

A propriedade das abelhas de alimentar outros indivíduos da colmeia foi trazida à luz a título experimental da seguinte forma. Alimentando as abelhas operárias (6 indivíduos no total!) com alimentos radioactivamente rotulados. Já após um dia, este rótulo foi detectado no corpo de metade da colónia de colmeia (25 mil indivíduos!).

Os lobos alimentam os seus filhotes com alimentos regurgitados, meio digeridos.

Algumas aves comedoras de peixe (corvos-marinhos, por exemplo) alimentam os seus pintos enfiando o bico bem fundo no esófago da mãe e tirando-lhes a comida do estômago.

Ratos e chimpanzés partilham a comida. Em condições de zoo, foi demonstrado que os animais são capazes de partilhar alimentos com outros que estão sentados num recinto adjacente, com fome, enquanto se alimentam.

Onde estão os resultados da aprendizagem, empatia, altruísmo e onde está o puro instinto? -outros conjuntos inatos de acções fixas registadas no genoma? Só mais uma coisa. Darwin escreveu que a competição mais feroz pela sobrevivência é intra-específica. Sem o contradizer, o naturalista russo P.A. Kropotkin dá muitos exemplos de altruísmo no seu trabalho.

Armazenagem de forragens

E há muito que é interessante e inexplorado sobre este fenómeno e processo. Os animais que vivem naturalmente na terra e principalmente aves e mamíferos, ou seja, os mais organizados, e também representantes altamente organizados de artrópodes - insectos (formigas, térmitas, abelhas) - estocam os alimentos. As abelhas não armazenam mel para o apicultor e os seus clientes durante o Inverno. Os mamíferos herbívoros de tamanho médio e grande não armazenam (especialmente a parte do caule das plantas). Jays, corvos, esquilos, esquilos, hamsters, quebra-nozes, chitas, lobos, cães, gatos e algumas espécies de primatas armazenam alimentos tais como cereais e alimentos para animais. O importante é que eles encontrem as suas reservas alimentares escondidas quando necessário. A observação no passado de titis verdes, hamadryls e rhesus macaques em jaulas do Sukhumi Primatology Centre (Abkhazia) enquanto os alimentava surpreendeu-nos com o seu comportamento. Os pântanos pousaram primeiro os alimentos (concentrados secos e arredondados) nas suas bolsas para as maçãs do rosto e só depois é que procederam à trituração dos alimentos arredondados que foram colocados à sua frente em quantidade suficiente. A maioria destes actos comportamentais em todas as espécies nomeadas são fixados no genoma, ou seja, nos instintos. Estes animais têm dispositivos especiais para o transporte de alimentos, as bolsas das bochechas, que se encontram debaixo da pele de cada lado da cabeça. Está registado que um hamster fêmea produz cerca de 15 kg de grão para o Inverno. A colheita também é feita por acumulação de gordura ou glicogénio no corpo do animal antes da hibernação ou antes das aves migrarem longas distâncias, e num urso antes de adormecerem numa toca.

Os animais realizam manipulações quando procuram alimentos, acumulam e comem. O próprio termo refere-se às operações do animal com as suas mãos (manus - mão, lat.). Mas os etólogos incluem a boca para além da mão, uma vez que a operação se destina a entregar alimentos à boca (mão, cauda, tronco). A manipulação com a mão é feita principalmente por um ser humano. Isto inclui desenho, escrita, escultura, etc. Um elefante pode usar os seus dedos tronco para apanhar uma moeda do chão, polvilhar areia sobre si próprio para afastar insectos, e aplicar comida e água na sua boca. Coates usam a sua cauda para depenar bananas e servi-las à boca. Muitas espécies de roedores, ursos, até mesmo peixe-boi manipulam depenando algas marinhas, deformando-as e levando-as à boca com as suas barbatanas sem utilizar objectos auxiliares. As aves podem recolher detritos e folhas com as suas patas e recuperar alimentos; um corvo atravessa pilhas de folhas com o seu bico para encontrar mantimentos que escondeu no Outono.

Poder-se-ia pensar que a acção de um macaco japonês a lavar inhame antes de o comer é semelhante à de um insight. Fez acidentalmente uma descoberta por si própria e aprendeu a utilizá-la. Muitas das descobertas da humanidade aconteceram desta forma. A julgar pelos resultados, o macaque de Imo era um dentes malvais altamente inteligente. Mas como a inteligência inclui um mecanismo como a reflexão, é preciso saber mais sobre a inteligência do indivíduo antes de tirar tais conclusões. A percepção não surgiu na juventude de Imo, mas ela também ainda não era velha. Assim, a percepção requer uma certa experiência de vida acumulada com a idade. Em segundo lugar, foi um comportamento desenvolvido pelos seus pares e não por Maupas jovens e velhos - com mais de 12 anos de idade. Mais uma coisa, inhame foi sempre distribuído aos corvos e, talvez, a Imo viu pessoas a lavar vegetais e repetiu estas acções.

Todos os outros maups desta população experimental também aprenderam a lavar vegetais antes de comer, mas fizeram-no de uma forma claramente ininteligente porque por vezes se lavavam em água muito suja, essencialmente num pântano. Assim, a Imo pode ter tido um objectivo completamente diferente da lavagem dos inhames da contaminação.

A manipulação é feita com a mão inteira ou duas mãos, antebraço, mão, dedos, quatro dedos e primeiro dedo oposto e até falanges individuais dos dedos. Os animais que têm cinco dedos são melhores na manipulação. Quando um animal só ataca o chão com o seu pé para obter comida - isto também é manipulação. Mas há menos liberdade de articulação num membro (flexão-extensão, adução-descompressão). A manipulação tanto da mão como do braço e dos dedos soma 70 graus de liberdade em apenas uma mão. Isto é tido em conta na construção de robôs e manipuladores. Taillard de Chardin acredita que a actividade manipulativa, combinada com o controlo das acções por visão (especialmente a visão estereoscópica) promove um melhor desenvolvimento do cérebro e desenvolve o pensamento. Se analisarmos os animais desta perspectiva, verifica-se que os animais que são realmente bons na manipulação têm um cérebro mais desenvolvido. O córtex cerebral de tais representantes tem giroses, tem mais peso em relação ao corpo, e o comportamento é mais complexo (primatas, elefantes, moluscos cefalópodes, roedores, alguns carnívoros, ungulados, e marsupiais). Esta questão foi estudada em pormenor por M. A. Deryagina (1986), um antropólogo de Moscovo. Ela comparou diferentes espécies de primatas entre si, e também primatas com roedores e predadores, capazes de manipular. Descobriu que na maioria dos representantes de roedores, predadores e semi-parímas, o aparelho oral desempenha o papel principal e os membros anteriores desempenham uma função auxiliar na fixação dos objectos. Na ontogénese do hamadry até 1 mês de idade, prevalecem métodos de fixação de objectos por aparelho bucal sem participação das extremidades; aos 1-3 meses, os membros peitorais começam a participar na fixação de objectos, que actuam de forma sincronizada; aos 4-7 meses, as crias podem utilizar todas as partes do membro; aos 8 meses-2 anos, desenvolve-se a diferenciação dos movimentos dos dedos e o aparelho bucal é utilizado para segurar um objecto. Nos antropóides, em comparação com outros mamíferos, o envolvimento de um membro torácico na detenção de um objecto aumenta significativamente. A manutenção de garras é típica dos predadores. Nos antropóides, a oposição do primeiro dedo do pé e o seu aumento na retenção de objectos é importante, o que está associado ao modo de vida arbóreo.

É apropriado recordar a hipótese de R. Heind, que escreveu: "Pode-se esperar que o controlo periférico seja mais importante na locomoção num ambiente terrestre complexo do que na natação; na manipulação de vários objectos do que em movimentos de sinal estereotipados; em animais cujos actos motores são variáveis do que em animais com movimentos mais ou menos estereotipados". Isto foi mais tarde confirmado pelo nosso estudo histológico do aparelho receptor das articulações dos membros (M.M., 1996).

De facto, a manipulação correlaciona-se com o número de receptores das articulações nos seus membros. O maior número de formas receptoras encapsuladas humanas (5), a complexidade das formas receptoras individuais encapsuladas também aumenta precisamente nas manipulações. Em geral, o número de formas de receptores encapsulados aumenta de anfíbios (frascos Krause) para mamíferos (frascos Krause, corpos Golgi-Mazzoni, corpos Pacini, corpos Ruffini, corpos Meissner - estes últimos em humanos e em mamíferos humanóides). Em répteis (2 espécies), em aves (3 espécies) - (corpúsculos de Krause, corpúsculos de Herbst e Grandrie). Nos seres humanos e na nútria, os corpúsculos de Pacini são mais complexos que os corpúsculos homólogos dos ursos, por exemplo (M.M. llienko, 1996).

A manipulação é um passo importante para a utilização de implementos para a alimentação, ataque e defesa e depois para o fabrico e melhoramento de implementos.

A utilização, por parte dos animais, de ferramentas para obter alimentos

"A utilização de objectos no ambiente como uma extensão funcional de alguma parte do corpo para atingir um objectivo imediato é uma actividade instrumental" (J. Goodall 1970).

Esta actividade é mais ou menos bem compreendida

principalmente nos mamíferos, na sua procura e utilização de alimentos e na construção de abrigos.

As yurks das Galápagos partem agulhas de cactos e utilizam-nas para puxar larvas de insectos de fendas na casca da árvore; os corvos da Nova Caledónia têm uma capacidade inata de utilizar paus para puxar larvas de debaixo da casca da árvore ou de fendas. Os chimpanzés partem ramos de árvores, arrancam folhas e usam estas varas para obter térmitas de buracos em caixas de cupins (a propósito, os primatas de outras espécies, mesmo quando observam o funcionamento dos chimpanzés, não repetem estas acções, embora sejam conhecidos por adorarem comer térmitas), também deformam folhas e esta massa recolhe água para beber, limpa a sujidade do corpo, etc. Os elefantes expulsam as moscas com ramos de árvores, cobrem os animais mortos da sua população com ramos. Para além do instinto, a aprendizagem também se manifesta aqui. Muitas vezes pode-se observar como os corvos pegam numa noz que encontraram no seu bico e atiram-na de uma altura para a superfície da estrada pavimentada, por vezes para os telhados dos carros, repetindo esta operação até que a noz se parta e depois coma o seu conteúdo. Ao construir ninhos, corvos e pegas quebram ramos de árvores de comprimento desejado e levam-nos para o local onde constroem os seus ninhos. Os ungulados, insectívoros e morcegos não manipulam nem utilizam implementos improvisados. Os predadores são um grupo intermediário.

O estudo e a interpretação da manipulação é importante para compreender a evolução humana. No início, os primatas manipulavam e utilizavam meios improvisados para obter alimentos ou para se defenderem, para atacarem. Isto é característico de muitas espécies modernas entre as aves e os mamíferos. Esta função exigia que o membro torácico estivesse cada vez mais livre de apoio. (Recentemente, os antropólogos da Universidade de Harvard publicaram uma versão diferente. Segundo eles, fugir de um predador ou perseguir uma presa criou o pré-requisito para o desenvolvimento do pé humano e eventualmente a marcha de um membro pélvico). Isto exigia que o pé tivesse tanto o peito longitudinal como o peito transversal. Tal pé permite a elasticidade, reabsorção, não-fadiga durante o movimento prolongado no substrato. Nos recessos do pé, os principais vasos sanguíneos e nervos estão escondidos, os tendões dos músculos não são espremidos ao pisar. Nenhuma outra espécie animal, incluindo os primatas semelhantes aos humanos, tem um pé assim. Os antepassados humanos progrediram gradualmente no aperfeiçoamento de alfaias e, mais tarde, na sua fabricação em série. Aparentemente, é daqui que vêm os nomes dos primeiros membros do género Homo. Homo habilis (utilização e fabrico, mas cada um por si individualmente), Homo erectus, Homo ergaster (fabrico de ferramentas em série e para outros), Homo neandertalensis, Homo sapiens. Obviamente, só porque os Moops não são capazes de andar, mas são capazes de usar ferramentas, manipular, Australopithecus, que começou o Homem não foi chamado Homo erectus mas Homo habilis (Homo habilis). A propósito, é certo que os primeiros Australopithecines já andavam e tinham pés humanos.

A capacidade de utilizar ferramentas é generalizada no mundo animal. E algumas espécies de mamíferos podem mesmo fazer as ferramentas de que necessitam (calansansans, por exemplo). Coloca-se a questão: deve isto ser visto como uma manifestação de alta inteligência? Durante muito tempo, a capacidade de utilizar ferramentas foi considerada uma característica que distingue os seres humanos de todos os outros animais. Ainda hoje, o fabrico de ferramentas é considerado um factor importante que tem influenciado a evolução humana. Os resultados da investigação em zoopsicologia sugerem que ainda há espaço para reflexão.

Comportamento territorial

Mais uma vez, animais mais organizados, mais frequentemente aves e mamíferos, protegem um determinado território (ou melhor, avisam um potencial intruso de invasão deste território) através da marcação por voz (aves) ou pelo cheiro de excreções glandulares ou fecais, urina (mamíferos terrestres). Defendem o território instintivamente, obviamente, mas com vista a proteger o abastecimento alimentar na área para as crias e para elas próprias e toda a família.

Cada espécie animal protege geralmente o seu próprio território. Embora outras espécies possam ter um lar num determinado território, mas não reivindicar alimentos, ou seja, aquelas que comem outros tipos de alimentos (herbívoros juntamente com predadores, predadores e roedores, etc.). As aves protegem-se contra outras aves durante todo o período de criação dos seus pintos e fêmeas geralmente por sinais de voz (canto) constantemente, uma vez que o som não é mantido no ar e elas cantam durante o dia. Etiqueta de mamíferos com urina, fezes ou secreções de glândulas cutâneas. O cheiro mantém-se durante bastante tempo (2-4 semanas - a inveja dos perfumistas!). Mesmo os humanos tendem a ter o seu próprio território, onde se sentem confortáveis. Quando outra pessoa está perto de nós, sentimo-nos cansados, oprimidos. As crianças pequenas gostam de se aconchegar debaixo da mesa, por exemplo, onde brincam e guardam os seus brinquedos. Agora têm isto em conta e fazem tendas com janelas, etc., para eles. As crianças não deixam ninguém entrar, põem lá as suas coisas, etc. Os pequenos animais têm pequenos territórios (ratos - até alguns metros quadrados, grandes animais, leão ou tigre - até 20 quilómetros quadrados). Os animais nestes territórios também têm pontos separados com objectivos funcionais diferentes, caminhos especiais, que incidentalmente as pessoas também têm.

Comportamento animal e fenómenos mentais e reprodução

Cortejo. Rituais de acasalamento. Acasalamento

Estas fases do ciclo de reprodução só começam a surgir quando os animais atingem a maturidade física e sexual.

A adaptação biológica é determinada não só pela capacidade de sobrevivência de um animal, mas também pela sua contribuição para o património genético das gerações seguintes da espécie. Um organismo que não participa na reprodução tem uma aptidão zero. O instinto sexual não aparece imediatamente nos animais, é precedido por um longo período de processos fisiológicos, em que a psicologia e o comportamento não tinham lugar. Começou a tomar forma com o desenvolvimento do sistema nervoso e o nível da sua estrutura, quando os instintos, pelo menos apenas primários, podiam ser as suas funções. Quando este momento chegou, o instinto sexual pôde ter lugar e no caminho para o seu desenvolvimento passou por uma série de etapas de complicação sistemática.

O ciclo reprodutivo completo consiste em: cortejo, rituais de acasalamento, cópula, nascimento dos descendentes, cuidados, transferência de experiência e termina com a desagregação das famílias.

A função do cortejo é juntar dois animais de sexo diferente em condições que proporcionem a maior probabilidade de sucesso no acasalamento. A fêmea não pode avaliar directamente a aptidão e comportamento futuro do macho. Ela tem apenas a aparência e o comportamento do macho no momento à sua frente. Portanto, a fêmea deve forçar o macho a mostrar as suas proezas. Para o fazer, ela tenta prolongar a fase do cortejo. Ela também precisa de ter a certeza que o seu parceiro potencial é um macho da sua própria espécie. Por conseguinte, a selecção natural favorece o aparecimento de traços sexuais expressivos e um comportamento apropriado que lhes permita serem identificados como membros de uma determinada espécie. Nas cerimónias de cortejo, os animais mostram aos seus companheiros partes do corpo ou manchas características de um determinado sexo uma certa sequência de movimentos. Por vezes esta cerimónia (a dança das aves, por exemplo) assemelha-se a uma verdadeira dança humana (talvez sejam algumas danças humanas que são copiadas das danças das aves). O ritual associado a esta demonstração consiste em elementos sequenciais, cuja ordem em cada espécie é invariável. Cada reacção do macho provoca uma reacção correspondente da fêmea e vice-versa. Há muitas maneiras de reconhecer os parceiros. Há um grande número de libertações que, dependendo da situação, provocam ou uma aproximação ou uma luta entre adversários. Embora nem sempre as mesmas reacções surjam com o mesmo releaser em animais diferentes.

Em muitas espécies de insectos, o agente de libertação mais comum é o cheiro. Para perceber o cheiro no ar, os insectos têm nas suas cabeças antenas bastante ramificadas (tal é o seu órgão olfactivo). Outras espécies de insectos utilizam sinais sonoros, que são muito diversos em diferentes espécies, como libertadores. No início do século XIX, K. Regen transmitiu através de um altifalante uma canção de amor de um grilo masculino e muitas fêmeas foram recolhidas antes deste altifalante. Uma experiência semelhante foi realizada com um telefone, onde um grilo masculino foi colocado numa extremidade perto de um microfone e as fêmeas reunidas perto de um receptor telefónico, a partir do qual a sua "canção de amor" foi tocada.

Nas aves, o macho é dissuadido de atacar a fêmea pela diferença na coloração da plumagem. Quando a coloração da plumagem de ambos os artigos é a mesma, quando o macho tenta atacar a fêmea, ela assume a postura de um pinto a pedir comida, e isso restringe as suas intenções agressivas. Nas aves, especialmente nos machos, cantam intensamente se ainda não tiverem um companheiro. Em muitas espécies de aves, o canto pára quando os parceiros se encontram uns com os outros. A propósito, os cantores mais expressivos e vocais são as aves que não têm outros aliviadores, por exemplo, corantes (rouxinóis). Quando a função reprodutora termina, as aves molestam e depois a coloração da plumagem masculina torna-se menos expressiva.

Os veados têm uma cor de cabelo vermelho brilhante na Primavera durante a época de acasalamento, mais escuro no Outono e no Inverno, e ligeiramente expressivo.

Assim, a ritualização das respostas comportamentais é muito importante para o prolongamento da espécie. No entanto, a selecção sexual não é menos importante. Existem dois mecanismos de selecção sexual na natureza: a distância - cognitiva, quando um parceiro sexual é realmente seleccionado, e imune, quando a selecção de espermatozóides é realizada no tracto genital da mulher.

Como já foi referido, a escolha cognitiva distante na natureza é muito diversificada e desenvolve-se ao máximo em espécies monogâmicas, o que se distingue claramente pelas características sexuais secundárias. Uma vez que as aves são na sua maioria monógamas e têm um estilo de vida diurno, têm um olfacto pouco desenvolvido, pelo que os seus principais aliviadores são a coloração e a voz do corpo. A maioria das espécies de mamíferos são activas à noite, quando a cor não pode ser distinguida, a poligamia é muito comum, têm um olfacto bem desenvolvido, pelo que o seu principal liberador são as feromonas. No entanto, em muitos deles (habitantes de espaços abertos, por exemplo) este papel é desempenhado pela luz e pelo som. Quando a incompatibilidade total dos gâmetas ocorre a chamada infertilidade imunitária, por exemplo, a esterilidade absoluta das fêmeas quando fertilizadas por esperma de machos de outras espécies que não a fêmea.

Para obter uma descendência harmoniosa e saudável necessária para a evolução progressiva da vida, é necessário ter esse mecanismo natural, que deve proporcionar: a) selecção dos parceiros de acasalamento, e não casual, mas intencional, ou seja, a selecção desse casal parental, que daria a descendência mais viável; b) capacidade dos animais para adivinhar e estimar certas propriedades do seu genótipo, importantes para a futura descendência por detrás das características fenotípicas externas do parceiro.

Assim, o animal não precisa de fazer uma selecção aleatória mas sim a nível genotípico. À primeira vista, esta tarefa parece fantástica. No entanto, sabe-se agora que tem lugar.

Na criação de animais, a selectividade imunitária sexual serve de barreira à consanguinidade ou reprodução cruzada (isolamento reprodutivo).

Muitos anos antes, L. Thomas tinha sugerido que os cães eram capazes de usar o seu olfacto para distinguir entre pessoas com diferentes conjuntos de genes. Por outras palavras, cada variante do complexo genético controla o seu próprio cheiro. (A propósito, os cães são incapazes de distinguir gémeos idênticos pelo cheiro). Experiências subsequentes mostraram que os ratos estão praticamente livres de erros a enfrentar esta tarefa: conseguem cheirar para identificar genes do 17º par de cromossomas. Observações sobre ratos mostraram que em populações constituídas por diferentes linhas que diferem por qualquer gene de histocompatibilidade, os ratos favorecem claramente os indivíduos do rebanho oposto com um conjunto de genes diferente do seu (isto também foi detectado em humanos). Os ratos podem detectar propriedades do seu genoma até um único gene através do cheiro do seu parceiro. Tudo isto proíbe a consanguinidade (ou seja, o isolamento reprodutivo). Sabe-se que se esta barreira for ultrapassada, os descendentes continuam a não ser capazes de se reproduzir.

O que guia a escolha do parceiro matrimonial de uma pessoa?

Anteriormente, os biólogos acreditavam que o órgão Jacobson só existia em certas espécies de mamíferos e que estava ausente nos seres humanos. E a sua função foi determinada de forma hipotética. Acreditava-se que este órgão sensorial percebe o cheiro dos alimentos que está na boca e penetra na cavidade nasal através da choana. Mas recentemente, foram identificadas células olfactivas no fundo da cavidade nasal na placa naso-oral, que é diferente das células que percebem o odor das moléculas no ar A função das células do órgão Jacobson é perceber o cheiro das feromonas masculinas e femininas. Isto tem sido verificado experimentalmente. A escolha de um parceiro pelo olfacto é a mais persistente e aceite como 'verdadeiro amor'. É também uma importante lei de escolha para os humanos, a que alguns autores chamam mesmo a "lei do amor". Incapazes de ignorar completamente a lei de escolha dos parceiros de acasalamento, os humanos ainda conseguiram soltar-se, inibir a sua acção. No entanto, a selecção de pares em pessoas não é aleatória em relação a uma série de características, por exemplo, a correlação para a altura é de cerca de 0,3, para o desenvolvimento mental - 0,4, porque as pessoas tentam escolher parceiros com aproximadamente a mesma altura e desenvolvimento mental.

Quando M. Goodman analisou a taxa evolutiva das proteínas

animais, determinou que esta taxa diminuiu por um factor de sete durante a fase formativa do homem. É geralmente aceite que o homem não mudou nos últimos 40.000 anos. Há muitas razões para isto, e uma delas é que a lei de escolha dos parceiros de acasalamento deixou de funcionar. É verdade que foram feitos alguns progressos nas últimas três décadas: 80% dos homens e mulheres nos EUA consideram o amor como uma das condições mais importantes para as pessoas que decidem casar, de acordo com inquéritos sociológicos.

O instinto reprodutivo é o mais duradouro e o mais frágilmente mutável. É essencialmente um complexo de acções fixas ou uma combinação de reflexos não condicionados que se manifestam numa determinada sequência rigorosa. O fim de uma acção serve de gatilho (releaser) para o início de outra, e a maturidade do sistema endócrino serve de líder.

Os animais que vivem num ambiente altamente climático sazonal dão à luz numa altura em que existe comida suficiente na natureza. Estes processos são regulados pela duração da parte leve do dia, que desencadeia os biorritmos, o sistema endócrino e o sistema nervoso. Nos animais domésticos, este ritmo sazonal é perturbado pela mudança das condições de vida, alimentação e alojamento. Num porco, num gato, num cão, por exemplo. Por exemplo, em condições naturais o porco selvagem dá à luz apenas na Primavera e uma vez por ano, ou seja, é um monociclista típico, enquanto que o porco doméstico, que é um parente directo do porco selvagem, é capaz de produzir vitelos três vezes (a duração da gravidez dura 3 meses, três semanas e três dias), ou seja, evoluiu para um típico policlista. (Os seres humanos também pertencem aos policiclistas).

Nos chimpanzés existe promiscuidade, o incesto é extremamente raro, o que J.Goodall pesquisou.

À medida que muitos animais começam a procriar, começam a criar um ninho, um abrigo.

Actividades de construção animal

Este tipo de comportamento ocorre tanto em invertebrados como em vertebrados. Entre os invertebrados, os insectos são os primeiros a abrigar-se, especialmente os organizados em sociedades (vespas de papel, cupins, abelhas, aranhas, formigas, etc.) como as formas mais organizadas.

As vespas de papel são particularmente interessantes neste aspecto. Estes animais recebem o seu nome devido ao facto de o material que utilizam para fazer as suas casas ser papel típico, mesmo a técnica de fabrico é semelhante. Eles fazem ninhos do tamanho da cabeça de uma pessoa. Os ninhos são multi-esféricos, o que ajuda a manter uma temperatura estável na cabana (cerca de 30 graus Celsius). Um grupo especializado de vespas operárias produz calor ao contrair músculos abdominais ou ao trazer água, que se evapora para baixar a temperatura no ninho. Um ninho de 10 andares pode ser construído antes do Outono. O material de construção é madeira amolecida pela saliva. (As pessoas soltam a madeira fervendo-a numa solução de cal e tratando-a com outros químicos). Várias dúzias a centenas de vespas podem viver num único ninho. Diferentes espécies de vespas constroem ninhos de acordo com a sua própria arquitectura. Existem ninhos com um esqueleto interno (estruturas de suporte) e externo. No centro de cada favo de mel, há um buraco de visita redondo - um caminho pelo qual os habitantes do ninho se podem deslocar para outro andar. Esta boca-de-lobo está localizada onde corre o pilar interior de suporte do ninho.

A vida social das térmitas começou há cerca de 200 milhões de anos. Eles têm a sua própria tecnologia de construção e características muito avançadas de organização no ninho. As térmitas, como as formigas, têm soldados, pequenos e grandes - trabalhadores, e uma casta 'juvenil'. Os seus órgãos sexuais nunca se desenvolvem. Os ovos são postos pela fêmea ou "rainha". A fêmea também vive com o "rei" - o macho, associado com a fêmea para toda a vida. Em insectos tais como vespas, abelhas e formigas, o macho torna-se desnecessário para a família depois de a fêmea ser fertilizada. Nas térmitas, por outro lado, tanto os machos como as fêmeas (que não se reproduzem) estão presentes entre os trabalhadores, soldados e outras castas. A "rainha" põe cerca de 40000 ovos todos os dias. O macho e a fêmea acasalam repetidamente. Podem viver assim por até 10 anos.

Os térmites constroem primeiro o seu ninho no subsolo e depois procedem à construção de uma cúpula terrestre, que pode ter até 7 metros de altura. Diferentes espécies de térmitas utilizam os excrementos das próprias térmitas ou uma mistura de excrementos e terra como material de construção. Entrar num monte de térmitas é muito difícil, por vezes até com um pé-de-cabra.

A maioria das espécies de peixes não constroem ninhos, não têm esconderijos e libertam os seus ovos directamente para a água. As perdas devidas a isto são enormes. Os ovos só estão disponíveis para fertilização por um período muito curto. É comido por outros animais, bactérias, fungos, mortos por factores físicos (luz, influências mecânicas) e substâncias químicas. Apenas algumas espécies de peixes (stickleback, alce e outras) fazem os seus ninhos no solo dos corpos de água. O vairão põe ovos na cavidade do manto dos moluscos bivalves.

Algumas espécies anfíbias fazem ninhos em forma de cone a partir de folhas de árvores, onde, depois de as encher de água, põem os seus ovos.

A maioria dos répteis faz buracos na areia, em fendas no solo, as espécies de tartarugas marinhas põem os seus ovos na areia ao longo das margens e, tendo posto os seus ovos, cobrem-nos com areia.

Antes da reprodução, as aves constroem ninhos para si próprias e para a geração seguinte ou utilizam ninhos já preparados, por vezes ocupam ninhos alienígenas, ocos preparados por pica-paus numa árvore, reparam ninhos antigos, etc. As aves aquáticas nascidas maduras não se envolvem em actividades de construção complexas.

Os ninhos de aves mais desafiantes são provavelmente os ninhos das aves do celeiro e dos tecelões. Na Argentina, vive um pássaro com um peso corporal de apenas 5 gramas. Esta ave mistura areia, barro e excrementos de vaca e faz "tijolos" até 2.000 e constrói um forno oval de quatro quilos com uma porta em 10-16 dias. Uma vez endurecido o material do fogão, é difícil de quebrar mesmo com um martelo. Atrás da porta há um corredor em espiral que conduz a uma câmara de nidificação. Fixam o fogão a ramos de árvores ou debaixo do telhado da casa.

As aves de costura (Índia, Indochina Sri Lanka, Indonésia). O material para fazer o seu ninho são folhas verdes e os fios são teias de aranha ou fibras vegetais. Um tecelão perfura a borda de uma folha com o seu bico, passa um fio através da linha e costura a folha. As aves tecelãs - habitantes de África tricotam os seus ninhos. Ao fazê-lo, seguram uma extremidade da fibra com a pata e enrolam a outra extremidade e atam-na num nó. O gancho de tricotar é um bico. Remez - também faz ninhos de enforcamento. Ele faz uma espécie de bolsa com uma entrada lateral. Deve-se lembrar que quase todas as espécies de aves (e há mais de 8,5 mil) fazem o seu próprio desenho de ninho. O maior tamanho do ninho é em Águia Careca (2,5 m de diâmetro e 3,5 m de altura, o peso da construção é de cerca de 2 toneladas). Os ninhos de cada espécie de ave são diferentes e têm pouca variação, pelo que os ornitólogos podem identificar inequivocamente a espécie pela forma do ninho e pelo material utilizado para a sua construção.

As hormonas e os ritmos biológicos desempenham um papel importante no desencadeamento, entre outras coisas, do instinto de construção das aves.

Castores, que M. Freudet descreve como construtores únicos e insuperáveis, cavam tocas e câmaras nas encostas costeiras. A entrada para a cabana está debaixo de água. A cabana está localizada acima do nível da água do reservatório no solo da margem. O castor roe as árvores até 12 cm de espessura e puxa-as para a toca ou empurra-as para o solo do lago para que os ramos não sequem. Quando necessário no Inverno, o castor mastiga parte do material e puxa-o para dentro da câmara. No topo da entrada da toca o castor faz um tecto de ramos e terra e cobre a parte superior da mesma forma. As cabanas dos castores chegam por vezes a atingir 3 m de altura. Os castores fazem barragens em pequenos rios, bloqueando o rio. Tais construções são criadas por castores de muitas gerações e podem atingir várias centenas de metros e uma altura de 1,5 metros.

Os nossos parentes próximos, os chimpanzés, fazem ninhos primitivos forrados de ramos e saem sempre que vão para a cama. Dormem neles ou com os seus filhotes.

Os animais imaturos, pequenos e médios fazem os seus ninhos em tocas no solo ou em cavidades de árvores.

O mecanismo para desencadear a função de construção do ninho nas aves é o seguinte. As hormonas sexuais estimulam a fase do cortejo. Não só o calor e a luz sinalizam a produção de hormonas sexuais femininas, mas também o comportamento masculino. A intensificação da produção hormonal na fêmea estimula a actividade de construção. Depois vem a cópula e a postura de ovos. Este processo é regulamentado. A fêmea só começará a incubação quando o número necessário de ovos for posto. Isto servirá como um sinal antes da incubação. O nascimento dos filhotes é o sinal para cuidar da prole.

O comportamento inato dos animais, os instintos podem ser complementados pela aprendizagem. Isto é especialmente importante quando os estímulos não podem ser transmitidos por mecanismos genéticos (por exemplo, os diferentes materiais que as aves utilizam para construir ninhos).

Diferentes espécies animais têm diferentes graus de capacidade de aprendizagem. As condições ambientais variáveis exigem capacidade individual. Quanto mais alto for o nível na 'árvore genealógica' que um animal ocupa, maior é a probabilidade de se poder esperar que tenha a capacidade de aprender.

Encontrar um parceiro

A fase seguinte da reprodução em animais é a ***procura de um companheiro.*** A estratégia de busca varia de espécie para espécie.

Tanto nas aves como nos mamíferos, não é só a fêmea que selecciona o macho (mais frequentemente em animais monogâmicos), mas também o macho que selecciona a fêmea (em animais poligâmicos). Nos animais, há promiscuidade, poligamia, monogamia e homossexualidade.

É durante esta fase da época de reprodução que se realizam os torneios macho a macho, tornando claro para a fêmea qual deles está pronto para acasalar e reproduzir-se e qual não está. Há o que é conhecido como isolamento reprodutivo entre as espécies. Os representantes das diferentes espécies diferem morfologicamente (tamanho do corpo, coloração, voz, cheiro) e comportamentais (os monógamos diferem dos poligamistas precisamente no comportamento). Depois vêm as diferenças na genitália externa, depois a estrutura e função dos espermatozóides, depois o número de cromossomas, depois a colocação de genes nos cromossomas, e depois a protecção imunitária. Por outras palavras, há uma cascata em direcção a uma proibição de cruzamentos interespécies.
Este problema tem recebido muita atenção na Reserva Natural Askania Nova na Ucrânia, onde mais de 100 pares de mamíferos e aves foram interceptados e no Centro Primatológico em Sukhumi

(antiga parte da Geórgia), onde primatas de diferentes espécies foram interceptados. Mas até agora, ninguém foi capaz de mostrar nenhum caso de cruzamento bem sucedido de diferentes espécies resultando em descendência frutífera.

Em algumas culturas, as pessoas têm um ritual de união - o chamado cortejo (um conhecimento mais ou menos prolongado de jovens de sexo diferente antes do casamento). Mas acontece que este ritual também não é uma descoberta da humanidade. Um ritual adaptativo semelhante existe mesmo em muitos grupos de invertebrados com o seu sistema nervoso primitivo. Esta fase chama-se fase *de cortejamento, que conduz ao par bem sucedido que* mais determinará um acasalamento bem sucedido. Em primeiro lugar, a aparência da fêmea determina se um representante da mesma espécie está ou não realmente à sua frente, determina o estado sexual do macho pronto para o acasalamento, encontra a puberdade, a mais digna da "mão e do coração". Assim (inconscientemente), ela preocupa-se com a futura descendência e até com a espécie como um todo!) O macho, de facto, ao realizar o ritual de auto-apresentação, demonstra seriedade de intenções, "amor verdadeiro", destreza própria, capacidade de defender o território, de expulsar outros candidatos masculinos, de se preocupar com futuros descendentes .

Há muitas libertações que visam aproximar os parceiros sexuais ou competir uns contra os outros. A propósito, não há verdadeiras lutas fatais em animais, a morte de um adversário é muito provavelmente acidental, caso contrário a espécie niilizar-se-ia muito rapidamente. Na maioria das vezes, estas são ameaças, demonstrando força, tamanho dos chifres, no caso dos veados, por exemplo, a intensidade do seu cheiro, velocidade de corrida, força da sua voz e agressividade. O duelo em animais pára quando o vencedor foge e o vencedor nem sequer tenta apanhá-lo. Portanto, é apenas uma competição psicológica, não física. E um animal não pode matar outro com os seus chifres. O facto é que os chifres de mamíferos biungulados têm uma direcção especial, devido à qual não podem infligir uma ferida fatal. Numa espécie, as extremidades dos chifres são dirigidas para trás, noutras são torcidas para o meio, e noutras são movidas para os lados. As fêmeas da maioria das espécies de mamíferos selvagens não têm chifres, nunca lutam, e apenas assistem à luta. Os machos não atacam as fêmeas porque têm uma constituição diferente (só as renas têm chifres), coloração e comportamento do que os machos (especialmente nas aves, por exemplo).

Algumas aves reconhecem os seus parceiros pela sua voz a distâncias de até 300m, aves mais pequenas a 30m.

Mesmo em alguns invertebrados, as cerimónias de cortejo foram registadas. Por exemplo, uma aranha, ao aproximar-se de uma fêmea, traz-lhe uma mosca enredada na sua teia. Fazer semelhantes e alguns outros insectos (mantises). E no entanto este comportamento é mais complexo em aves e mamíferos.

Nos mamíferos monogâmicos, o macho é escolhido pela fêmea; nos mamíferos poligâmicos, os machos competem pelo direito a uma fêmea, por vezes em batalhas ferozes (focas portuárias, por exemplo).

A dança do guindaste da Manchúria, um residente do Extremo Oriente, é particularmente bonita. Primeiro, a grua inclina-se para a fêmea, esticando o seu pescoço em direcção ao seu companheiro. Este é um convite para dançar. Se o convite for aceite, os bailarinos ficam um contra o outro e começam a saltar e bater as suas asas. À medida que o ritmo aumenta, as gruas saltam cada vez mais alto até a dança se tornar um voo. Voam a 30-40m de distância do local de acasalamento. Algumas gruas pegam nos galhos do chão e atiram-nos para cima enquanto dançam.

As tendências homossexuais ocorrem nos animais. Os machos começam a mostrar interesse um-a-um na ausência das fêmeas. Um deles pode ser agressivo ou retirar-se. Ou por vezes comporta-se como uma mulher, realizando todas aquelas acções que normalmente culminam na cópula.

Nos humanos, o cheiro de um parceiro (as suas feromonas) é percebido pelo órgão jacobsoniano de uma mulher ou de um homem, e a coincidência é muito forte, irresistível. Os perfumistas modernos tiram partido disto, produzindo perfumes com as chamadas copulinas (da palavra cópula) adicionadas à sua composição, químicos sintéticos - análogos de masculino (para mulheres) ou feminino (para atrair a atenção dos homens).

As fêmeas seleccionam o macho que tem genes que controlam os odores diferentes dos seus próprios.

Desta forma, a descendência terá mais diversidade genética do que o progenitor e será, portanto, mais viável (heterose).

Os híbridos são mais comuns nos peixes (crustáceos, salmonídeos, solha, robalo), aves (patos e gansos, faisões, pombos, corvos). Um híbrido entre um cavalo e um burro é chamado uma mula (um cavalo macho e uma burra fêmea), e os cavalos são animais que nascem do cruzamento de um burro com uma égua. Há também híbridos entre predadores: leão e tigre, urso polar e urso castanho, hamadryl e macaco, macaque e hamadryl. Os descendentes de tais híbridos são desconhecidos.

Cuidar da descendência

Até mesmo alguns invertebrados se dedicam a este tipo de comportamento instintivo.

O desenvolvimento fetal dentro do corpo da fêmea encontra-se, por exemplo, em moscas tsé-tsé, moscas sugadoras de sangue, escorpiões (Simakov) e em algumas espécies de peixe cartilaginoso.

Nos peixes ósseos, a função de cuidar dos descendentes é uma ocorrência rara. O peixe vivo da gambusiae, o robalo. Algumas espécies de peixe (tilápia, por exemplo) chocam ovos na sua boca e até os alevins se escondem na boca primeiro quando ameaçados. Os cavalos marinhos transportam os ovos no abdómen e dão à luz os alevins. No Sul da Ásia, os peixes-gato assemelham-se a aves. Constróem ninhos onde as fêmeas libertam os ovos, os machos fertilizam e permanecem no ninho para "incubar". Os ovos agarram-se ao seu abdómen e assim desenvolvem-se em alevins. Mas a maioria dos peixes (e existem agora 27 mil espécies) não mostram quase nenhuma preocupação com a sua descendência. Embora exista uma forma primitiva de cuidado passivo, quando os peixes põem ovos em espessos de plantas sobre as rochas, pondo ovos na cavidade do manto dos bivalves, na cavidade das brânquias, e assim por diante. Por conseguinte, o pouco ou nenhum cuidado é compensado pela quantidade de material produzido (número de ovos). Por exemplo, o peixe arenque solta 30 mil ovos (óvulos) por ano, enquanto o peixe lunar produz até 300 milhões! Estima-se que em algumas espécies de peixe, apenas uma em cada mil sobrevive ao nível dos alevins.

Este tipo de comportamento é também mal expresso nos anfíbios e répteis modernos.

Apenas certas espécies de anfíbios (uma espécie de charlatão) são conhecidos por terem ovos fertilizados num saco (até 20 ovos) no seu dorso. Vermes ou anfíbios sem pernas, que se caracterizam pelo desenvolvimento intra-uterino, dão à luz indivíduos já na fase de pós-metamorfose. O quagga marsupial comum comporta até 200 ovos, mas apenas alguns nascem na fase larval (girino). A América do Sul é o lar da rã pipa do Suriname, que tem cavidades (criptas) nas suas costas, onde o macho esfrega ovos fertilizados. Ao nascer (após 80 dias), as criptas emergem destas criptas após a metamorfose. Uma dessas fêmeas dá à luz cerca de uma centena de sapos. Na Ucrânia, há um sapo parteiro que transporta os ovos) numa membrana mucosa enrolada à volta dos membros posteriores do macho.

A pitão tigre fêmea (répteis) espalha-se à volta dos ovos postos pela fêmea (10 a 100 ovos) e cobre-os com a cabeça em cima. Eclodem durante 2 a 3 meses. A temperatura dentro deste ninho peculiar é 15 graus mais elevada do que fora (embora os répteis sejam de sangue frio!).

No caso das aves e dos mamíferos, pelo contrário, a falta de cuidado com a prole é a excepção e não a regra.

Nas aves, o nascimento vivo está completamente ausente.

Nos mamíferos, a grande maioria das espécies tem desenvolvimento embrionário no útero. E assim, a fase inicial dos cuidados de descendência não dá à luz mais de 35 crias (numa espécie de insectívoros africanos). Todos os outros não têm mais de 10, uma vez que está ligado à amamentação com leite materno e existem duas glândulas mamárias para cada uma. O cuidado após o nascimento não é suspenso mas apenas começa. É ao mesmo tempo lactação, protecção e aprendizagem.

O cuidado dos filhotes também não está isento de desprotegidos, cujos sinais são utilizados tanto pelos filhotes como pelos pais (na medida em que os filhotes têm fome, só respondem aos pais). Para as crias, os desprendedores são o comportamento da mãe, posturas e movimentos da mãe. As galinhas de galinhas reconhecem a sua mãe pela sua voz.

Nos chimpanzés, os filhotes agarram-se tenazmente ao cabelo na barriga da mãe. Os chimpanzés mostram emoções negativas quando um bezerro morre, carregam o bezerro com eles durante muito tempo, regressam periodicamente ao cadáver, verificam o cheiro, e tentam chamar a atenção para si próprios. Os elefantes cobrem os mortos com ramos de árvores e visitam periodicamente o cadáver.

As aves que não incubam ovos são conhecidas na natureza. A ave parasita mais conhecida para nós é o cuco, mas não é a única. Outras 46 espécies de outros cucos do planeta plantam os seus ovos nos ninhos de outras espécies de aves. Além delas, há 36 outras espécies de aves, que também não incubam (abutres, tecelões e lobos). Os filhotes de algumas espécies parasitárias fazem o mesmo aos filhotes da sua mãe adoptiva que os cucos. Mas alguns, como os tecelões, vivem pacificamente com os pintos da sua mãe adoptiva. Assim, o cuco, tendo posto um ovo num ninho de aves, consegue largar 1-2 ovos da futura mãe adoptiva do seu filhote em poucos segundos. Outra técnica é possível. Ave que os ovos são colocados no ninho, depois de voltar nota a diferença na forma, coloração dos ovos e lança-os para fora do ninho, ou deixa a sua ninhada e começa a criar uma nova. Outra variante do comportamento da ave de luto. A ave choca tanto os seus próprios ovos como os da ave parasita. Após o nascimento, os cucos começam a sabotar os seus próprios ovos e até os pintos da sua mãe adoptiva. Como e sob que condições este tipo de comportamento se enraizou no genoma do cuco?

Há também o cuidado da prole com base no instinto nos insectos. Tem sido estudado que algumas espécies de moscas de icneumon vespa põem os seus ovos fertilizados no corpo de outras espécies de insectos por elas paralisados A larva que emerge do ovo de uma vespa escólia ou moscas de icneumon no corpo alimentar-se-á de uma espécie de conservas vivas, pois o insecto paralisado permanece vivo. As vítimas incluem grilos, tatus e escaravelhos rinocerontes. A vespa pampila é especializada em aranhas. A vespa séptica paralisa os grilos. Esta propriedade é utilizada na agricultura para controlar pragas de jardins e pomares, através da criação de tais insectos (biométodo).

O gato teve filhotes de leão, filhotes de tigre, filhotes de tigre, filhotes de rato, filhotes de rato e filhotes de galinha. O gato fomentou filhotes de leão, filhotes de tigre, filhotes de leopardo, trotes, ratos e pintos de rato. Os cães têm fomentado lebres, coelhos e raposas. Tem havido casos conhecidos de lobos que amamentam descendência humana.

Os Marsupiais transportam as suas crias nas suas bolsas.

Mas o reflexo de cuidado para os descendentes é mais desenvolvido nos humanos. É por isso que as raparigas, na sua peça de teatro, mostram um ritual de cuidado (Laura E. Burke).

Alimentar as crias

Em muitas espécies de aves e mamíferos, esta função é desempenhada por ambos os progenitores. Isto é especialmente verdade para as aves monogâmicas. Por exemplo, nos pinguins, o ovo (ou ovos) é incubado alternadamente por um macho e uma fêmea. O livre de incubação vai para o mar para se alimentar (1-3 semanas). Também continuam a alternar quando estão a alimentar os seus pinguins. Ao mesmo tempo, o pinguim inteiro arrota a comida para a boca aberta do pinto. Os tucanos cobrem um buraco numa árvore onde a fêmea incuba incuba os seus ovos, deixando apenas um pequeno buraco, e o macho serve fruta à fêmea e às crias através deste buraco. Os pombos têm uma abertura no seu esófago (o chamado volume), que se assemelha funcionalmente ao rúmen de animais biungulados (por exemplo, vacas), onde são efectuados processos de fermentação e as aves regurgitam alimentos meio prontos a digerir (o chamado leite de ave) para os seus cachorros. As aves de rapina trazem pequenos animais, escaravelhos ou as suas larvas que mataram para o ninho. As aves comedoras de grãos alimentam os seus pintos maduros atraindo-os com a sua voz quando encontram sementes ou outros alimentos. Os pintos mordiscam-no por si próprios.

Ensinar a descendência

Finalmente! A natureza é uma coisa cruel e se a descendência for deixada à sua sorte, a espécie pode desaparecer. Por conseguinte, a descendência deve ser ensinada a viver! A aprendizagem é um processo de experiência individual e que leva a uma mudança adequada no comportamento do animal, isto é recordado pelo animal para estímulos previamente desconhecidos. Ao contrário dos seres humanos, os animais são incapazes de aprender com a experiência dos outros sem ver o processo, sem observar o comportamento dos experientes, sem copiar, sem observar as acções dos seus mais velhos. A propósito, isto também é verdade para os humanos. Os seres humanos podem aprender tanto com resultados positivos como com erros. Os animais são capazes, mas não todos e raramente. São os pais das crianças imaturas que ensinam os seus descendentes. Há muitos métodos de ensino. O método mais simples, frequentemente utilizado mas pouco produtivo, é o método de ensaios e erros para se conseguir o resultado. (Diz-se que o ditado "um tolo é aquele que aprende com os seus próprios erros" pertence ao chanceler alemão Bismarck). Baseia-se no primeiro sistema de sinalização. É feito através da observação das acções dos pais. Há também uma aprendizagem facultativa ou aleatória que depende de condições específicas e de factores externos. A essência da aprendizagem - o desenvolvimento de reflexos condicionados. Outra forma - o método de tentativa e erro. Por exemplo, uma mama quebra acidentalmente a tampa de uma garrafa de leite e recebe leite como recompensa. Se o animal se lembrar do seu sucesso, continuará a utilizá-lo. Algumas espécies aprendem mais depressa, outras mais lentamente ou não aprendem de todo. Isto determina o nível de desenvolvimento do sistema nervoso. Mesmo nos humanos, a aprendizagem é mais profunda se um estímulo afectar vários sentidos (um estudante que ouve atentamente uma palestra, observa uma experiência, vê um vídeo ou faz um trabalho independente irá lembrar-se melhor).

A aprendizagem operante é bastante representada nos animais. Por exemplo, se um animal tem uma necessidade intrínseca, como a fome ou sede, utiliza todo o repertório de reacções motoras para alcançar o seu objectivo, e se alguma delas lhe for útil, esta reacção é lembrada, fixada e depois utilizada continuamente pelo animal.

Pensa-se que a forma mais elevada de aprendizagem é o insight (inglês), intuição (francês), heurística da palavra eureka (está escrito que esta palavra foi pronunciada por Arquimedes enquanto resolvia um problema em que ele tinha estado a pensar) ou epifania (russo). Por exemplo, acredita-se que Newton descobriu a lei da gravitação universal graças a uma visão (enquanto descansava sob uma macieira no momento da queda de uma maçã, ele foi capaz de formular a lei agora conhecida). É evidente que a perspicácia não surge do nada, por si só. Só tendo uma certa experiência científica e após um certo estímulo da actividade cerebral, por exemplo, o homem apresenta uma certa hipótese, trabalha constantemente na sua solução e depois um estímulo acidental externo pode levá-lo a uma ideia correcta. A pessoa faz obviamente uso da experiência anterior, mas é uma experiência aleatória bloqueada e desordenada. O mecanismo de discernimento ainda não foi completamente investigado. Claro que um habitante da selva que nem sequer tenha ido à escola não pode ter a ideia de construir um computador, um telemóvel, etc. Falta-lhe motivação para o fazer, embora possa ter uma ideia de como capturar um peixe com as suas próprias mãos.

Os elefantes são capazes de discernir. Tal experiência foi levada a cabo. No jardim zoológico, os alimentos foram suspensos no alto do elefante. Um cubo de plástico foi colocado no recinto. O elefante tentou alcançar a comida com a sua tromba, mas não conseguiu alcançá-la. Depois de estar de pé e "pensar", o elefante puxou o cubo debaixo da comida pendurada, ficou de pé com as patas dianteiras sobre o cubo e levou a comida.

Φ. Skinner desenvolveu o método de comportamento operante, que consiste em o animal ser 'treinado' para realizar uma certa habilidade, e se o animal realizar a tarefa correctamente é recompensado com comida, por exemplo (o método de reforço). Por exemplo, um rato é ensinado a empurrar uma alavanca, um pombo a bicar um disco luminoso, um golfinho a trazer um objecto afogado na água, etc.

Muitas espécies animais (especialmente das classes de aves e mamíferos) são caracterizadas por uma aprendizagem imitativa. A sua essência é que novos comportamentos são formados neles pela percepção directa de outros animais (macacadas). Oblivious (obrigatório) - quando os pais ensinam os seus filhos a fugir do assédio de um predador ou a caçar um predador. Esta aprendizagem é investida no repertório do estereótipo da espécie.

Um tipo muito complexo de aprendizagem é o imprinting, descoberto e estudado pela primeira vez por Konrad Lorenz nos anos 30. A impressão é uma instalação (que se crê ser vitalícia) no comportamento de um animal durante o primeiro período de vida após o nascimento. Neste caso, as crias que foram imediatamente isoladas dos seus pais seguem qualquer objecto que se mova (incluindo objectos inanimados, um automóvel, por exemplo) e pensam nele como se fosse a sua mãe.

Os etólogos acreditam que quando os animais acasalam, escolhem um parceiro específico, que é impresso (amor à primeira vista no ser humano ou impressão filial). Talvez haja também impressão no local de nascimento, de onde existem memórias duradouras do mesmo (nostalgia).

Os movimentos em animais que fazem parte da síndrome do comportamento lúdico são diferentes dos encontrados em animais em situações normais. Por exemplo, na caça, na actividade sexual. No entanto, em situações de jogo a sequência de movimentos é muitas vezes incompleta, as mandíbulas não se fecham quando se imita a mordedura e o lançamento agressivo não é completado.

Do ponto de vista de Gross, que é apoiado pela maioria dos etólogos modernos, o comportamento lúdico é a formação do animal jovem, uma espécie de "prática" do animal jovem para situações de vida particularmente importantes para a vida adulta. A brincadeira permite ao jovem animal aprender acções vitais sem muito risco. Os erros não têm resultados prejudiciais em condições de jogo. Durante o jogo, os comportamentos inatos podem ser melhorados. Não brincar por brincadeira. O jogo entre presa potencial e predador parece mais invulgar para o telespectador. Contudo, isto acontece em condições ecológicas variáveis, em isolamento (zoo), entre animais domesticados e domesticados. Mesmo quando um gato brinca com um cão, um cão com uma galinha ou um papagaio, etc., um gato e um rato não mostram instintos predatórios. Há aqui obviamente uma preponderância da impressão sobre o instinto predatório. O jogo é uma pré-adaptação à sobrevivência futura. Um jogo sem memorização é um jogo para o próprio bem do jogo.

Os jovens Mavs têm um tipo de jogo mais elevado, onde existem formas complexas de interacção com objectos com pouca actividade motora, especialmente na manipulação de objectos.

Os animais criados em cativeiro isolados dos pais e outras crias apresentam padrões reprodutivos e comportamentos anormais com parceiros sexuais quando chegam à puberdade (R. Chauvin). O isolamento (zoológico, confinamento em jaulas) os animais reproduzem-se mal ou não se reproduzem de todo. Os faisões (subespécies japonesas que são criados em cativeiro para fins de caça) perderam o seu instinto de incubação, as cobras venenosas são muito difíceis de reproduzir em condições artificiais, as fêmeas de algumas espécies de mamíferos (leões, tigres, cangurus, babuínos, etc.) recusam-se frequentemente a amamentar as suas crias, algumas fêmeas comem as suas crias imediatamente após o nascimento. A peça é uma espécie de ensaio das acções do animal, que lhe será útil na vida.

Características do comportamento e psique das diferentes classes de animais de corda.

Um sistema nervoso muito simples do tipo difuso aparece pela primeira vez nos coelentrados. São células nervosas localizadas no mesoglobo entre o ecto e o endoderme. As suas afloramentos ligam algumas células nervosas a outras, bem como a terminações nervosas primitivas e fibras musculares do ectoderme e a glândulas no endoderme. Em alguns grupos de vermes o sistema nervoso é mais complexo, e apenas em artrópodes, especialmente em insectos (principalmente representantes de grupos sociais) e moluscos especialmente em cefalópodes (representando essencialmente o auge da evolução e do sistema nervoso e do comportamento entre invertebrados). Neles, a correlação entre o desenvolvimento do sistema nervoso e as suas terminações nervosas sensoriais é claramente evidente. Os neurónios na maioria dos artrópodes são montados em grupos separados, gânglios, ligados uns aos outros por conectivos (condutores).

Os primeiros animais corados (lanceolados - representantes dos crânio) já têm uma medula espinal centralizada. No início, não é um tubo completamente fechado, aberto por cima, com elementos sensíveis à luz na parte inferior. É apenas nos ciclostomas que o cérebro (quatro partes) aparece pela primeira vez. Começando pelos selachians (peixe cartilaginoso), aparecem cinco secções cerebrais, os répteis começam a ter um córtex (primitivo no início) e mais refinado e finalmente, nos mamíferos é o neocórtex - um novo córtex.

A maioria dos peixes em corpos de água fechados (lagoas, lagos) vivem vidas dispersas, enquanto os peixes pelágicos (mares profundos e oceanos) se juntam frequentemente em grupos - cardumes. Os padrões de formação de grupos em peixes devem-se à sua atracção mútua, já que os peixes são atraídos por animais do mesmo tamanho que eles. Esta é a razão para a formação de grandes cardumes de peixes, em que todos os peixes se movem na mesma direcção e todos juntos como se estivessem a mudar a direcção do movimento, sem alterar a forma do cardume. Esta função é inata. As batatas fritas de peixe já se colam. Este efeito é muito estável. Os peixes aprendem facilmente a distinguir entre formas (círculo, quadrado, cruz, triângulo), e a distingui-los independentemente do seu tamanho. Os peixes são fáceis de formar um reflexo condicional. Algumas espécies de peixes aprenderam a ultrapassar obstáculos, a alcançar o objectivo de várias maneiras.

Os anfíbios só caçam ao vivo, em movimento e apenas certas presas de tamanho certo. Os anfíbios têm neurónios detectores de movimento, os olhos dos anfíbios são incapazes de produzir movimentos rápidos e sacádicos e esta deficiência é compensada pelo próprio movimento da presa. Quando ameaçadas, muitas espécies fogem para a água. Algumas espécies imitam o tamanho de animais maiores do que são ao soprarem, levantando-se de pé, abrindo a boca, fazendo sons fortes, algumas mordidelas, andorinhas-do-mar, ostentando uma barriga de cor brilhante. Durante o acasalamento, os machos emitem sinais sonoros utilizando ressonadores na lateral das suas cabeças. Foram provavelmente os primeiros animais a produzir sons (canções masculinas). Particularmente interessantes são os sons dos sapos das árvores, que se assemelham aos cantos de alguns pássaros.

O cuidado da descendência está ausente na maioria das espécies. O comportamento social fora da época de reprodução também está ausente.

Nas cobras, os elementos de aprendizagem ainda não foram suficientemente estudados.

O comportamento defensivo em algumas espécies é o seguinte. Alguns lagartos incham quando o perigo se aproxima, alargam a gola de couro vermelho na zona do pescoço, algumas cobras disparam o seu próprio sangue, recorrem à autoamputação da cauda (lagartos), ouriços segregam um líquido de cheiro desagradável da cloaca, cobras venenosas tanto matam as suas presas como mordem para segregar o veneno no local da mordedura. As serpentes gravemente venenosas são cerca de 10% das espécies de cobras modernas do planeta.

Pela complexidade do comportamento e da psique, algumas espécies de aves superam mesmo alguns membros da classe dos mamíferos.

O auge tanto do comportamento como da psique entre todas as espécies animais são sem dúvida os mamíferos, e isto é determinado pelo nível de desenvolvimento do sistema nervoso. Mesmo nos grupos mais baixos - roedores - a capacidade de adaptação é bastante elevada. Isto pode ser julgado pelo nível de altruísmo nos ratos. Num estudo de uma colónia de ratos, observou-se que um indivíduo experimenta sempre primeiro a comida e só depois é que todos os outros ratos começam a comer. Os novos alimentos são primeiro comidos pelos ratos em pequenas quantidades, os voluntários primeiro e se os ratos virem que a comida não prejudica o voluntário, todos os outros ratos comem-na. Pelo contrário, se o voluntário não se sentir bem, os ratos nunca se aproximarão da comida.

Experiências em dois indivíduos de ratos que viveram na mesma gaiola durante muito tempo. Um deles foi colocado numa gaiola com uma tampa pesada que só abre do exterior e colocado no recinto onde estava o seu companheiro. No quinto dia, o indivíduo livre, após longas tentativas de libertar o outro roedor, abriu a tampa e libertou o companheiro. No espaço de uma semana, os ratos tinham dominado completamente o método de libertação e aberto a tampa logo que o experimentador deixou a sala.

Vamos dar um exemplo de outra experiência única com ratos. Os ratos numa gaiola receberam água doce. Após um certo tempo, foi adicionado um agente de vómito a esta água. Este grupo, tendo experimentado a nocividade da água, recusou-se a beber a água doce. A seguir, outro grupo de ratos foi colocado numa gaiola e mantido sem comida e água. O segundo grupo correu para a água, mas o primeiro grupo não permitiu que o fizessem. A seguir, um terceiro grupo foi enjaulado com o segundo grupo. No entanto, os ratos do segundo grupo também não lhes permitiram beber a água, embora eles próprios não a tivessem provado e não soubessem porque não a podiam beber.

Os ratos são capazes de reconhecer "os seus" parentes até 20 parentes e conservar a sua memória durante vários dias.

A taxa de aprendizagem dos castores é igual à dos antropóides.

Os cães são caracterizados por "expressões faciais". Darwin notou isto no seu trabalho sobre emoções em animais e humanos. A cauda, pêlo, orelhas e dentes sorridentes de um cão demonstram claramente a sua capacidade de mostrar emoção. Quando um cão é agressivo, achata as suas orelhas, ranger os seus dentes e levanta o lábio superior. Os cães são muito bons a detectar as atitudes de um ou de outro e raramente se enganam. Para alguns estão inclinados, para outros evitam. Foram reveladas diferenças sexuais em cães. As experiências sugerem que as fêmeas são mais espertas do que os machos.

Os gatos esfregam os pés, lugares, coisas e o próprio dono, marcando com urina (machos). A cauda de um gato voa para cima, ele está preocupado com a sua chegada. Dica de contracção da cauda - extrema preocupação. Um gato "massageia" com as suas patas. Esta peculiaridade é formada na infância - os gatinhos mungem a barriga enquanto amamentam o leite.

Comportamento lúdico e exploratório em animais

Brincar em animais, bem como em crianças, causa prazer a quem brinca. S.Miler descreve o jogo da seguinte forma: o jogo parece ser um comportamento paradoxal: explorar o que já é conhecido, praticar o que já foi aprendido, agressão amigável, não morder de verdade, sexo sem coito, fingir que não é para enganar.

Exemplos de comportamento lúdico podem ser observados na maioria dos mamíferos. Os movimentos que antecedem o comportamento lúdico não diferem dos encontrados em animais noutras situações, tais como caça, lutas e actividades manipulativas. No entanto, em situações lúdicas, a sequência de movimentos é incompleta: as mandíbulas não são apertadas quando mordem, os lançamentos agressivos não são completados. Em algumas espécies animais, o pecado é precedido por um sinal especial, por exemplo, agachamento nos membros anteriores e no peito em cães e gatos, 'expressão facial lúdica' em rhesus macaques.

As brincadeiras das crianças são significativamente diferentes das dos animais. As crianças brincam menos umas com as outras do que com símbolos de crianças ou animais (brinquedos). Ou seja, o jogo é abstraído dos humanos, condicional. As crianças criam peças de brinquedos, brincam em situações quotidianas (mãe, pai, escola, etc.).

O comportamento exploratório em animais manifesta-se numa tentativa de analisar o ambiente, na ausência de sinais óbvios de fome, sede e procura de um companheiro.

O comportamento exploratório manifesta-se numa mudança de orientação, que é a orientação dos sentidos para uma melhor percepção; comportamento exploratório propriamente dito, movimento do animal, resposta manipuladora aos objectos no ambiente.

O medo desempenha um papel importante no comportamento exploratório, e é por isso que os animais nem sempre se esquivam a estímulos novos e desconhecidos. Em condições naturais, os animais têm de realizar muitas acções em resposta a vários estímulos e realizar certas manipulações para sobreviver. O comportamento manipulativo e exploratório está bem desenvolvido em animais que têm dedos móveis, particularmente primatas. Sabe-se que os Moorhens examinam objectos de todos os lados com as suas mãos. Isto também é comum nas crianças, pelo que os pais têm de passar muito tempo a tentar fazê-los parar de tocar num ou noutro, o que prejudica a criança e impede-a de desenvolver a sua iniciativa e instintos exploratórios.

Por exemplo, o mouro empurrará a alavanca se a sua recompensa for a oportunidade de espreitar através de uma pequena janela na sua gaiola. Os mouros gostam geralmente de olhar através das portas de salas diferentes, os mouros raramente abrem a porta para uma sala vazia e muito mais frequentemente olham através daquela com fruta nas paredes ou aquela com um brinquedo em movimento, gostam de ver filmes e programas de televisão, especialmente a cores e especialmente sobre os mouros.

O comportamento exploratório humano (inquisitividade) é mais profundo, com uma tentativa de aprender sobre características e processos e padrões. Os rapazes, depois de brincarem com um brinquedo de enrolar, começam a desmontá-lo, tentando descobrir o mecanismo da máquina e a razão do seu movimento. As raparigas prestam mais atenção às formas externas, à beleza e ao design.

Nos animais do rebanho, há integração entre os subordinados e o líder. Os animais de alta patente mantêm a ordem, tomam o lado dos animais mais fracos, impedem a entrada de forasteiros no rebanho, impedem os machos jovens de acasalarem, controlam a ordem de comer, e mantêm a ordem. O papel dos tranquilizantes nos primatas é desempenhado pelo aliciamento (procura de insectos no pêlo dos animais) e nas aves pela aloprincheira - convidando à limpeza das penas. O fenómeno do aliciamento (busca) é descrito em pormenor por J. Gooddol em "Chimpanzés na Natureza: Comportamento".-M.

1992.

Deve-se notar que este comportamento é característico dos primatas superiores. Isto pode ser devido ao facto de terem movimentos de dedos altamente diferenciados, na realidade um dos elementos importantes da manipulação. O alisamento é frequentemente visto como relaxamento, para libertar intenções agressivas, aliviar tensões, e prevenir o stress. Goodall acredita que o aliciamento permeia todos os aspectos da vida social dos primatas para aliviar a tensão.

A técnica de aliciamento é a seguinte (tal como descrita por J. Goodall). O maior período de preparação que ela regista é de 2 horas e 45 minutos, mas na maioria das vezes dura 30 minutos. O animal a ser tratado está sentado ou deitado. O chimpanzé atravessa o pêlo com um dedo, pode virar o ser revistado, remove crostas secas, larvas e piolhos, ácaros. Por vezes a pessoa a ser procurada oferece-se para trocar de papéis. Os animais jovens aprendem a cuidar de animais com cerca de 1,5 anos de idade (acredita-se que o cuidado é herdado). O aliciamento materno de vitelos é mais comum do que o inverso. Os noivos machos adultos são os parceiros masculinos mais bem classificados. Quando as relações entre dois machos atingem um certo nível de tensão, muitas vezes eles tratam um do outro alternadamente. Em cativeiro, os animais são mais propensos a recorrer ao aliciamento. Juntamente com o carinho, o aliciamento é também utilizado quando uma cria está ansiosa.

Existe uma hierarquia rigorosa no pastoreio de animais. Os etólogos distinguem entre vários tipos de indivíduos altamente classificados.

Os líderes dominantes proporcionam estabilidade no grupo, asseguram a ordem, comem alimentos e punem os invasores.

Em certas situações (morte do líder masculino, situações imprevistas), a mulher mais velha assume a liderança (em lobos acima de tudo). A liderança existe em lobos, cavalos, elefantes e primatas.

Os animais de estimação também têm o seu próprio líder. Pode ser uma pessoa (com base na impressão) ou alguém que a leve (cães) para passear, crianças. Foram identificadas substâncias de medo em diferentes animais (peixes, ratos domésticos, anfíbios).

Portanto, podemos concordar com as declarações feitas por

caçadores famosos de que os mamíferos podem detectar emoções humanas (medo, excitação de caça, etc.) pelo olfacto. Num estado de excitação emocional, os humanos transpiram profusamente e até o cheiro do suor muda. Os gophers capturados com uma armadilha ou um cão têm um odor forte, mas os animais abatidos não têm qualquer odor. A lesão ou morte de um animal sinaliza outros indivíduos na população de perigo. O tamanho dos girinos de sapo depende do tamanho do aquário. Os girinos secretam alguma substância que inibe ou pára o crescimento das larvas, a sua reprodução cai ou pára completamente (Ver Ethology.ru. YOUTUBE "The Universe -25 Experiment" How Heaven Became Hell.) embora sejam normalmente alimentados, regados, etc.

Tem sido sugerido que as famílias de Australopithecines e Pithecanthropes se assemelhavam a uma matilha de lobos. Mesmo agora, os aborígenes australianos não expulsam os jovens da colectividade, mas proíbem-nos de casar.

Agressividade

Porque é que as espécies vivas lutam entre si? A luta é um processo omnipresente na natureza; o comportamento de luta, bem como os meios ofensivos e defensivos, estão tão desenvolvidos e surgiram tão obviamente sob pressão selectiva, que nós, seguindo Darwin, temos certamente de abordar esta questão. Assim pensava Conrad Lorenz. A agressão é um comportamento dirigido a outro indivíduo, que pode resultar num prejuízo para esse indivíduo e está frequentemente relacionado com o estabelecimento de um determinado estatuto hierárquico, com a obtenção de acesso a um determinado objecto ou com a obtenção de um direito a algum território.

W. McDougall sugere que a agressão pode surgir como resultado de um conflito entre diferentes actividades. Por exemplo, os chimpanzés tornaram-se agressivos quando ficavam sem comida (bananas) ou quando ficavam com medo. No entanto, a maioria das agressões na natureza é uma resposta directa à proximidade de outro animal, quando se aproxima do seu local de repouso, ou ao próprio animal. Em muitas espécies animais, as disputas territoriais são resolvidas através de lutas. Fugir de um inimigo é uma reacção normal de um organismo vivo à ameaça de outro animal e não porque o animal prevê imagens assustadoras com resultado fatal. Se um animal não conseguir escapar com boa saúde, torna-se agressivo (numa situação desesperada, os pequenos animais podem atacar os grandes, as cobras quando perturbadas por um humano ou por pisar acidentalmente a sua cauda).

Os animais têm também uma forma passiva de se defenderem como 'akinesia' (ausência de movimento), uma espécie de 'hipnose animal' tal como definida por I.P. Pavlov, que os salva de ataques. Sabe-se que o medo pode levar à excreção espontânea de urina, fezes, vómitos e possivelmente até à morte. Isto também é característico dos seres humanos. Todas estas são respostas autonómicas. Outra forma de se defender contra um potencial ataque é como uma imitação de uma pessoa ferida. Isto é particularmente comum em pequenas aves durante a incubação. Numa situação crítica, fingem estar doentes e feridos, esticam as asas e movem-se a pé no chão um pouco à frente de um humano ou de um animal. Ao fazê-lo, desviam a criatura ameaçadora do seu ninho, dirigindo-a para si própria, expondo-a ao perigo. Quando um lagarto agarra a sua cauda, começa a dobrar vigorosamente o seu corpo até que uma parte da sua cauda permanece nas mãos ou nos dentes do agarrador e o lagarto vivo foge. Os thoras, ratos da floresta, quando agarrados pela cauda, escapam perdendo parte da pele, que desliza para baixo numa meia da cauda.

A maioria dos biólogos argumenta que o antagonismo entre os machos, os torneios durante a época de reprodução são cometidos como uma luta por uma fêmea com quem um deles irá acasalar. Mas há aqueles que pensam que, de facto, os machos na presença de fêmeas estão a destacar concorrentes da parte do território onde a sua família irá viver. No entanto, em geral, ambos visam a competição no processo de reprodução pela oportunidade de deixar a descendência no interesse da estabilização da espécie. De acordo com o conceito de K. Lorenz, a agressão é um impulso espontâneo fixado no genótipo de um indivíduo. As características deste impulso são semelhantes às das necessidades biológicas da fome e da sede. No hipotálamo, os fisiologistas encontraram um centro de agressão, que irrita os animais e dá origem a uma agressão extrema. Várias experiências sugerem que existe uma base genética para o desenvolvimento da agressão. Os biólogos estão a referir-se a um relatório segundo o qual o nível de agressão pode ser alterado como resultado da criação de animais. Em raposas criadas em fazendas de peles, a agressividade foi completamente suprimida já após 20 gerações em indivíduos não agressivos sistematicamente seleccionados. Na nossa opinião, a experiência deve ser complementada por outros meios, incluindo a observação a longo prazo. É possível evitar a agressão? De acordo com o modelo de comportamento instintivo de Lorenz, é impossível, pois a falta de tal "fuga" leva à acumulação de energia "agressiva" no animal (K. Lorenz).

Assim, se uma pessoa tem uma propensão geneticamente fixada para a agressão, deve ser reconhecido que é impossível evitar todas as manifestações de agressão. Outra questão é que embora a agressão seja geneticamente fixada, não tem necessariamente de se manifestar num determinado ambiente. Depende da experiência e do estado de motivação interior. A agressão de uma pessoa não é inevitável, muito depende do nível de educação na infância e da influência da sociedade sobre o indivíduo.

Evidências da genética sugerem que a presença de um cromossoma sexual extra nos homens (cariótipos XXU ou XUU) causa certas anomalias de desenvolvimento, em particular uma tendência para o retardamento mental.
Acontece que pessoas com tais cariótipos anormais têm uma maior propensão para a delinquência do que as pessoas normais (D. Maers). Tem sido demonstrado (também em gémeos idênticos) que as manifestações criminosas são mais características de pessoas com menos de 25 anos de idade. Isto está correlacionado com o facto de os jovens terem uma maior quantidade de testosterona sexual no seu sangue do que as pessoas de meia-idade. A questão coloca-se. E nas mulheres condenadas por crimes graves? (Nos homens a testosterona é segregada não só pelas glândulas sexuais mas também pelas glândulas supra-renais). Nas mulheres, as glândulas supra-renais também produzem testosterona, embora em quantidades menores. Por conseguinte, a agressividade do homem está associada à hormona testosterona.

Definir a agressão é difícil. A agressão em sociologia e psiquiatria inclui frequentemente não só lutas, mas também várias formas de comportamento que podem ser agrupadas sob o título "rivalidade".

O macho de muitas espécies de primatas, ao ameaçar outros indivíduos, faz uma pose e exibe os genitais pintados. Esta exibição ritual dos genitais masculinos durante as danças também ocorre em algumas tribos africanas e é familiar em muitas esculturas medievais (símbolos fálicos).

O fenómeno congénito ou adquirido de agressão ainda não é totalmente compreendido. E seria apropriado testá-lo em gémeos que cresceram e cresceram em famílias separadas, isolados um do outro. A agressão ocorre em pessoas que têm a síndrome de Klinefelter. Em pessoas normais, a incidência está algures na faixa dos 0,1%, mas em pessoas doentes é de -0,66%.

Lorenz e Tinbergen também defendem que a agressão não pode ser completamente superada porque existe um centro de agressão na região límbica do cérebro.

Nos seres humanos, a agressão manifesta-se através de emoções como a raiva, o desprezo, etc. Para resolver um conflito, alguns recorrem aos tribunais, para outros é suficiente permitir outras acções moralmente admissíveis. Mas é possível ofender outra pessoa por palavra ou acção, infligir danos corporais ou homicídio. Tais acções, no entanto, são sempre avaliadas como patológicas. Quanto aos agressores conhecidos e reais, em regra são pessoas mentalmente doentes (Hitler e Estaline são considerados como tal pela maioria nas diferentes sociedades).

Análise do comportamento humano como espécie de primata.

O desenvolvimento evolutivo humano é um exemplo de aromorfose.

Num grupo de primatas: o desenvolvimento da mão (opondo o polegar a todos os outros), a emergência de um pé único para os humanos (duplo passo), que permitiu aos humanos caminhar incansavelmente durante muito tempo, e o mais importante, o desenvolvimento do cérebro, especialmente o aparecimento de centros de fala no córtex cerebral! - uma cadeia de aromorfoses.

Para obter resultados objectivos em estudos de psique animal, é lógico comparar fêmeas e machos de diferentes espécies animais entre si, animais e humanos, especialmente crianças, que ainda são pouco diferentes das crias de chimpanzés, crianças e adultos, gémeos (especialmente monozigóticos) um com o outro.

A infância é o ponto de encontro do biológico e social no ser humano. É aqui que os comportamentos inatos podem ser distinguidos de comportamentos adquiridos, e a essência biológica e o significado funcional podem ser identificados, tornando possível compreender os mecanismos internos de comportamento (instintos) e externos (aprendizagem). A selecção natural tem menos impacto nos seres humanos modernos. Factores e forças motrizes no homem são substituídos por factores sociais; os tabus sociais sobre a expressão de certos instintos, especialmente os relacionados com a reprodução, entram em vigor. O primeiro instinto que aparece no recém-nascido é a impressão, que não requer qualquer reforço (alimento ou outro).

O bebé imprime com a imagem da sua mãe. Este fenómeno tem sido estudado em algumas aves e mamíferos. Verificou-se que o tempo de impressão é muito curto para bebés maduros (ungulados, por exemplo) e relativamente longo para bebés imaturos e que o movimento do objecto é um pré-requisito. A criança desenvolve então um reflexo de orientação. Reage aos sons, ao toque e à luz. Mais tarde, aparece o reflexo exploratório. Já no primeiro ano de vida, começa a examinar algumas coisas, reconhece as suas próprias, especialmente aquelas de que gosta, aprende o método da herança e exibe emoções. No primeiro ano de vida, a criança movimenta-se voluntariamente em quatro membros. Isto deve-se ao facto de a coluna do recém-nascido curvar num arco como o de um chimpanzé durante toda a ontogénese. Com o domínio do acto de estar de pé e andar, a coluna vertebral adquire duas curvas em duas direcções - para a frente no pescoço e região lombar - lordose - e para trás na região torácica e sacral - cifose. O grande forame occipital também se desloca para a frente sob o crânio com postura erecta.

Por volta dos dois anos de idade, a criança desenvolve um desejo de privacidade ocasional, uma sensação de estar em casa. As crianças em idade bastante precoce (15 meses) começam a compreender que a sua imagem no espelho é uma imagem de si próprias. Ou seja, a criança compreende o seu próprio "eu". A auto-consciência nos animais é também testada através do reconhecimento ao espelho. Chimpanzés, orangotangos, bonobos, gorilas, golfinhos roazes, orcas, elefantes, gatos (nem todas as raças) e pegas são agora conhecidos por serem capazes de o fazer.

Um homem é o seu cérebro! Isso não é um milagre? O tecido nervoso vivo aprende tudo no mundo e, acima de tudo, cria novos materiais e coisas, o computador vai fazer pensar.

O processo evolutivo dos mamíferos é um desenvolvimento constante e progressivo do cérebro, aumentando sobretudo a massa cerebral, o psiquismo, o que em si mesmo é uma vantagem importante na luta pela existência, na adaptação ao ambiente natural e à sociedade. O cérebro está mais desenvolvido nos mamíferos. O peso absoluto do cérebro em média é o maior nos maiores animais: 7 kg de cérebro de cetáceo, 5.200 g de elefante, 2.000 g de cérebro de golfinho, 1.450 g de humano, 600 g de rinoceronte, 500 g de gorila, 370-570 g de cavalo, 410-550 g de touro, 96-145 g de porco, 97-112 g de ovelha, 46-138 g de cão, 90 g de macaco, 30 g de gato, 3,7 g de rato.

O tamanho do cérebro em comparação com a medula espinal em mamíferos: cavalo -1:2.5, cão -1:4.5-9, humano 1:40, em peixes -1:1. A massa cerebral de um cachalote é um quinto milésimo do seu peso corporal, enquanto que a de um humano adulto é 1/50-1/60° do seu peso corporal.

O homem, por um lado, acredita orgulhosamente que é o único que é tão único, tão notável em comparação com todos os outros animais. Por outro lado, ele procura ver se mais alguém, mesmo num futuro distante, vai tomar o seu lugar, para lhe tirar a liderança do mundo! O homem, contudo, quer puxar alguém para si próprio, primeiro domesticando-o e depois tornando o animal muito domesticado. Mas então ele não suporta e um animal muito bem domesticado, que ele até chama pelo nome, é comido por ele!

Os animais são dominados por instintos - complexos de reflexos não condicionados registados no genótipo, que são invariavelmente (desde que não sejam transformados por alguma mutação), herdados no genótipo. Os estereótipos dinâmicos - complexos reflexos condicionados - que são herdados e adquiridos no processo de vida por adaptação são aqueles que cada vez mais distanciam o homem dos animais, os nossos irmãos menores.

A psique humana é uma categoria qualitativamente diferente, embora esteja sem dúvida geneticamente relacionada com a psique dos animais. Tanto nos animais como nos humanos, a actividade mental é um fenómeno muito complexo e inexplorado
função. No entanto, é um facto inegável que a psique está ligada ao nível de desenvolvimento do sistema nervoso.

A maior actividade nervosa é ainda mais complexa porque está ligada à emergência das palavras e da fala. Por conseguinte, não é inteiramente correcto comparar a psique do homem e do animal. O critério principal é a fala, o que faz do homem um ser verdadeiramente único socialmente. Aqui, é apropriado citar o famoso filósofo Nietzsche, que escreveu na sua obra So Spoke Zarathustra: "O homem é uma corda esticada entre o animal e o super-homem. Uma corda sobre um abismo".

A consciência como uma das funções do cérebro manifesta-se através da sensação, percepção, representação, pensamento, memória, atenção, aprendizagem, mas não é idêntica a cada um destes fenómenos. A consciência é um estado especial, que é a principal característica da nossa existência e reflecte características do mundo objectivo em imagens subjectivas, ideias. A consciência, como um fenómeno ideal, surge sempre como uma função do cérebro de cada indivíduo.

Alguns sinais de consciência, incluindo a autopercepção primária, também estavam presentes nos animais, ou seja, a base neurofisiológica para o desenvolvimento da consciência no início da evolução humana já estava presente. Mas nos humanos, surgiram novas estruturas na zona do forebrain: no parietal inferior, relacionadas com a coordenação das mãos, e no frontal inferior, onde se situa o centro da fala de Broca. Mais tarde, surgiu o centro Wernicke. Pensa-se que isto está relacionado com a emergência da consciência.

A natureza foi percebida pelo homem como um todo, mentalidade de rebanho, que evoluiu gradualmente para a consciência mitológica, quando os antepassados humanos começaram a antropomorfizar fenómenos e objectos naturais. As pessoas consideravam-se a si próprias como objectos da natureza. Não houve um "I" individual. Mais tarde, emerge um sentido de "nós" e "eles", com o conceito de "eles" como uma componente da natureza em primeiro lugar.

A auto-consciencialização é um processo ideal de auto-imagem no cérebro humano. Ao comparar-se com outros, veio a conhecer-se a si próprio, as suas qualidades e capacidades, e criou a sua própria imagem ideal. Os juízes eram espíritos, costumes ancestrais e tabus mágicos não suportados.

Então talvez não devêssemos comparar? Será que importa realmente o que está na mente de um animal? Ou será que o queremos fazer? Não, é importante saber como os sinais, áudio ou não, se transformaram em linguagem, discurso. Como a fala teve origem no homem.

A manifestação mais óbvia da lateralização do cérebro no ser humano é a disparidade funcional entre a mão esquerda e direita. Este fenómeno é misterioso. Alguns animais (mouros, gatos, ratos) utilizam mais frequentemente o membro esquerdo ou direito. Mas têm uma proporção de 50:50 da direita para a esquerda, enquanto que os humanos são 90% canhotos e apenas 10% canhotos.

Skinner argumentou na década de 1950 que um recém-nascido ou uma cria de animal é apenas um organismo fisiologicamente completo. Do lado comportamental, é uma tábua em branco (Tabula rasa) na qual as experiências subsequentes deixarão vestígios que irão determinar o seu comportamento futuro.

Os chimpanzés (assim como ratos e ratazanas) podem comunicar informações de uma forma desconhecida uns aos outros. Este modo de comunicação ainda não foi descoberto.

Numa série de experiências (E. Menzel, 1973), foram levados dois grupos de animais. Um grupo sentou-se numa gaiola partilhada com duas caixas no exterior. O experimentador colocou um ramo de bananas numa delas em frente aos mawpas e fechou a tampa. As pessoas entraram então na sala e a tarefa do ser humano era indicar de alguma forma (com um gesto ou um olhar) em que caixa estavam as bananas. Antes disso, este grupo de pessoas estava dividido em "amigos" da serpente e "inimigos". "Inimigos" eram aqueles que pegavam nas bananas para si próprios e as comiam em frente aos mawpas, enquanto "amigos" davam estas bananas aos mawpas. A experiência mostrou que os maupers deram aos "amigos" os sinais certos quanto ao local onde se encontravam as bananas. Mas quando um "inimigo" entrava na sala, eles na maioria das vezes "mentiam-lhe", apontando para uma caixa vazia. A continuação da experiência foi que os humanos sabiam agora qual a caixa que continha as bananas, enquanto que os moluscos não o sabiam. Obviamente, os "homens inimigos" apontaram deliberadamente para o caixote vazio e os "homens amigos" mostraram-lhes em que caixote estavam realmente as bananas. Os Moorhens perceberam rapidamente em quem podiam confiar e em quem não podiam, por isso ignoraram os conselhos dos seus "inimigos". Além disso, os esfregões aprenderam a utilizar informações não verdadeiras do "inimigo". Por exemplo, se o 'inimigo' dissesse ao Mops que as bananas estavam na caixa da direita, o Mops iria para a caixa da esquerda. No entanto, os "amigos" eram de confiança dos Maupas.

Numa colónia de ratos, um indivíduo prova sempre primeiro a comida e só depois é que os outros começam a comer. Cada novo alimento, aquele indivíduo (voluntário) come primeiro uma quantidade mínima e se os outros virem que o alimento não é prejudicial, todos os outros começam a comer. Se o voluntário não se estiver a sentir bem, os ratos nunca se aproximam da comida.

Os chimpanzés são biologicamente muito próximos dos humanos: o seu ADN é 97% idêntico ao humano, têm os mesmos grupos sanguíneos, comem carne, emitem cerca de 60 sinais para transmitir informação, têm ciclos menstruais (os primatas inferiores não o fazem) e são policíclicos na reprodução.

Heinroth estudou o chimpanzé Vicky. Gostava de se olhar ao

espelho, conhecia bem a sua aparência e reconhecia-a nas fotografias, e conseguia pronunciar quatro palavras, embora não claramente. No entanto, ela não conseguia falar devido à falta de adaptação do aparelho de fala. O chimpanzé chamado "beber - fruta" e o rabanete "gritar - doer - comida" à Lucy. Aos 5 anos de idade, o chimpanzé Washoe deu respostas a 12 tipos de perguntas, a percentagem de respostas correctas atingiu 85%, o que corresponde ao nível de competência verbal de uma criança humana de 2,5 anos. Os chimpanzés foram ensinados a transmitir informação via computador (símbolos de palavras eram exibidos no ecrã). Um chimpanzé, ao ouvir um cão a ladrar, fez um gesto a favor da palavra "cão". No entanto, nem todos os indivíduos são capazes de atingir um tal nível de domínio da fala animal. Os papagaios transmitem bastante bem o discurso humano. Pode repetir e memorizar várias centenas de palavras, entrando em diálogo com uma pessoa. São capazes de analisar a fala, e isto não é uma transmissão directa (gravação em cassete). Alguns papagaios treinados não só falam como podem reconhecer objectos, mesmo a sua cor e material de que são feitos. Darwin pensava que "a percepção, várias emoções, memória, atenção, interesse, herança, compreensão, etc., das quais os humanos se orgulham, podem ser encontradas na forma embrionária, e por vezes até bem desenvolvidas, em animais inferiores. Contudo, é muito difícil detectar nos animais uma capacidade como a fala humana (D. McFarland).

O discurso verbal é um meio de comunicação. Contudo, a informação pode ser transmitida de outras formas, por exemplo, código morse, amslen (discurso dos surdos e mudos). O discurso é simbólico. As abelhas informam as outras abelhas sobre a presença de néctar nas suas flores (a quantidade, distância e direcção para as flores) através de uma espécie de dança. Existe também uma comunicação não verbal como as expressões faciais, em humanos e chimpanzés, com a ajuda da cauda, orelhas, sorriso de dentes, levantar o pêlo, etc., noutros animais. Por exemplo, num cão, levantando a cabeça e a cauda, movimentos rápidos indicam que uma certa ameaça se está a aproximar. Em coelhos, coelhos e lebres, pisar as patas traseiras é um sinal de perigo, e os elefantes usam principalmente a sua tromba elevada e as conchas das orelhas como um meio de comunicação expressivo. Os sinais sonoros (acústicos) podem ser ouvidos a uma grande distância. O coiote tem 15 e o chimpanzé 23.

Psiquismo. Comparação com a psique animal

No decurso do desenvolvimento evolutivo, ocorreu alguma autonomia de comportamento e de psique. Em crianças até aos 2-3 anos de idade, a semelhança dos instintos com os dos chimpanzés é muito perceptível. Apenas o aparelho da fala é herdado nos seres humanos. A própria fala é um sinal - uma palavra, que consiste em certos sons, reunidos numa certa sequência, uma frase - uma sequência de palavras que a criança deve aprender por si própria. Apenas alguns animais são capazes de aprender uma língua estrangeira (para repetir palavras e por vezes usá-las como sinais): papagaios e pássaros zombeteiros (estorninhos, corvos, eiders). Muitos papagaios "sabem", sem compreenderem sempre o seu significado, até 500 palavras humanas. O discurso tornou-se uma necessidade para o homem primitivo no fabrico e utilização de ferramentas. A fala é necessária para a transmissão de experiência, comunicação (os psicólogos classificam o ser humano como um animal social, que é capaz de fazer ferramentas a sério, propositadamente).

A fala permite passar de um objecto ou fenómeno para abstracções, a emergência do pensamento, da fantasia e da filosofia. O pensamento é a transição do real para o abstracto.

Nos humanos, a fala é formada pelo aparelho da fala, incluindo a laringe com músculos especiais e centros da fala no córtex cerebral. Quando ocorre a atrofia das células corticais, ocorre a morte social, mas a fala persiste!

A cópia não é um sinal necessário de alta inteligência.

Os invertebrados sociais (abelhas, formigas, cupins, vespas) têm uma especialização morfo-funcional rígida, fixada no genótipo, para além da qual não conseguem mover-se.

Um gato que se observa ao espelho desconhece que se vê a si próprio, porque nunca vê o seu próprio rosto. Assim, confundem a sua imagem com a de outro animal e tentam tocar-lhe com a pata atrás do espelho. Este é o caso mesmo com os povos primitivos modernos em algumas ilhas da Ásia. Assim se comportou o chefe de uma tribo quando os antropólogos europeus lhe deram um espelho. A propósito, nem todas as raças de gatos são capazes de se observar ao espelho e brincar com outro animal que vêem no espelho. Embora o chimpanzé seja capaz de se reconhecer a si próprio após algum treino.

Os animais manipuladores são mais adaptativos, mais inteligentes (elefantes, primatas, cefalópodes). Roedores manipuladores: rato, esquilo, rato almiscarado, hamster de nútria, castores, javali). Os nascidos imaturos são mais inteligentes (predadores, primatas, roedores), os nascidos maduros (pares ecológicos de predadores - habitantes de espaços abertos - ungulados) são menos inteligentes. Os génios também podem ser encontrados entre os animais. Basta recordar um macaco japonês que é uma das populações macacas que fez duas "descobertas": lavar legumes antes de os comer e apanhar grãos a flutuar na superfície da água, onde os atirou juntamente com areia. Mas tais "exploradores" só podem transmitir a sua experiência e as suas próprias realizações aos seus descendentes através de demonstração. Por exemplo, um chimpanzé utiliza ferramentas (galhos) para extrair larvas de buracos num monte de térmitas. Esta operação é por vezes observada em babuínos, que também gostam de comer larvas, mas não são capazes de as tirar de lá com paus (R. Chauvin).

O que se pode dizer sobre o cuco (ave parasita) que põe ovos nos ninhos de outras pessoas. Ela não foi ensinada a fazê-lo, pois não viu os seus pais à nascença ou a crescer no ninho da sua mãe adoptiva.

Quem ensinou ao pássaro cuco acções tão complicadas? Instinto! Além disso, canta como qualquer outro cuco e não herda, nem que seja apenas por gratidão por nutrir a canção da sua mãe adoptiva (a impressão da voz não se instala). Mas os goslings, nascidos na incubadora e que não viram a sua mãe, vendo uma pessoa ou um pássaro à sua frente pela primeira vez, irão sempre segui-la (impressão). Aqui, os mecanismos inatos são complementados por factores externos.

Comportamento de investigação

R. Hynde escreve que os animais superiores viram a cabeça para o estímulo quando são subitamente afectados por um estímulo ou pelo aparecimento de algo desconhecido ou novo. Esta reacção também pode ser considerada como uma reacção de orientação. Um bebé reage ao cheiro quase imediatamente após o nascimento. Muitas vezes um animal pode ser visto aproximando-se de um objecto desconhecido e explorando-o, usando todos os poderes do aparelho receptor. Alguns cientistas acreditam que este comportamento exploratório se correlaciona mais com o medo do que com a novidade. O comportamento exploratório consiste no desejo do animal de se deslocar e analisar o ambiente na ausência de motivos de fome, sede ou vontade sexual.

Existem vários tipos de comportamento exploratório: a resposta orientativa, que consiste em mudar a posição e a orientação dos sentidos para melhor perceber um estímulo (basta olhar para a posição dos ouvidos de um gato, cão ou cabra quando detecta a fonte de um determinado som).

Comportamento manipulador-exploratório, em que o animal não só se move mas também influencia o ambiente de alguma forma, por exemplo, manipulando objectos no ambiente.

O comportamento exploratório também depende da semelhança da nova situação com uma situação que o animal já conhece. Por exemplo, ratos que estão familiarizados com um labirinto pintado de branco voltarão a examinar cuidadosamente um labirinto com a mesma forma mas pintado de cinzento.

O comportamento exploratório pode ser mais do que apenas um desejo de comida ou de saciar a sede. Por exemplo, se os ratos forem retirados da sua gaiola durante algum tempo, colocarem água e comida nela e colocarem alguns objectos nela, então, uma vez de volta a casa, examinarão cuidadosamente o seu quarto antes de comerem, e quanto mais o interior tiver sido mudado, mais atento será o seu comportamento de exploração e menos comida será consumida por unidade de tempo...

O medo desempenha um papel importante no comportamento exploratório, razão pela qual os animais na maioria das vezes, embora nem sempre, evitam novos estímulos desconhecidos (alguns cientistas acreditam que o medo tem precedência sobre a novidade). Duas tendências opostas convergem no comportamento animal - o medo da novidade e a ânsia por ela. O mesmo é válido para os humanos.

Em condições naturais, um animal precisa de realizar muitas

acções diferentes em resposta a certos estímulos, de fazer diferentes manipulações para sobreviver. O comportamento manipulativo e exploratório é maravilhosamente igual nos animais que têm membros com dedos activos, por exemplo, primatas, tronco de elefante, pescoço de pássaro, cauda (alguns primatas). Estes órgãos estão mais equipados com mechanosensores do que outras partes do membro. A manipulação afecta o desenvolvimento global. Thayyar de Chardin associou o complexo - visão binocular e manipulação de mãos - com o desenvolvimento da inteligência. Todos nós conhecemos o hábito de os homens tocarem de todos os lados objectos desconhecidos para eles que entram no seu campo de visão. Para os chimpanzés, a construção de um objecto e a sua cor é também muito importante. Os animais jovens estão mais inclinados a um longo exame de novos objectos do que os adultos. Isto também é observado em crianças. Os rapazes tentam desmontar qualquer brinquedo depois de o examinarem para ver o que está lá dentro, como é feito, qual é o seu princípio de movimento, etc.

O mawpaw pode desenvolver diferentes capacidades instrumentais utilizando novos estímulos como reforço. Por exemplo, uma canoa amarela empurrará uma alavanca em resposta a um determinado sinal se for recompensada com a oportunidade de olhar por uma pequena janela. Os pintores mouros em geral gostam de espreitar através das portas de diferentes salas. Uma pintora amarela raramente olhará para uma sala vazia, muito mais frequentemente para uma sala onde as paredes são pintadas com quadros de fruta ou uma em que um brinquedo mecânico está em movimento, mais frequentemente olharão para uma sala onde está outro macaco, gostam de ver filmes sobre pinturas amarelas especialmente a cores.

O stress reforça o sentido de casa de uma pessoa, do seu próprio canto. O desejo de solidão existe mesmo em espaços apertados tais como uma nave espacial, um submarino, etc. Isto é particularmente característico das crianças pequenas, que podem esconder-se debaixo da mesa, onde têm um armazém de brinquedos, onde se sentem mais confortáveis, fora de perigo, a descansar. Algumas pessoas sentem-se desconfortáveis em ambientes estranhos e especialmente desconhecidos.

O comportamento manifesta-se sob a forma de movimentos,

actividades. E o comportamento é a base da psique. Existe uma forma pré-psíquica de mentalidade nos organismos vivos, que se baseia também no movimento, mas sem a participação dos músculos ou outras proteínas contráteis, ou do sistema nervoso, que não existem nesses organismos. Refere-se a movimentos de órgãos individuais de uma planta (folhas, flores). Por exemplo, em fungos e plantas, os movimentos ocorrem sob a forma de tropismo e cinesia. São movimentos devidos a alterações no turgor ou fenómenos de crescimento (nastii): o robot das células pródromas numa folha, a abertura e o fecho das flores. Os movimentos de crescimento são a viragem das folhas para a luz solar, a queda das folhas no Outono, etc. Exemplos de tropismos são: geotropismo - a direcção da raiz durante o crescimento da planta em direcção à acção da gravidade - em direcção ao centro da Terra, fototropismos - o movimento das folhas da planta em direcção à luz. Táxis: movimentos através da tubulina proteica contrátil, que se encontra na flagela de organismos unicelulares, espermatozóides, quimiotaxis - movimentos de bactérias ou organismos unicelulares para uma substância química nutriente (proteína, por exemplo), e na direcção oposta à de uma substância química (sal, por exemplo) indesejável para tal organismo.

Nos invertebrados, o sistema nervoso ainda é bastante simples (ganglionar). Os insectos têm um sistema nervoso mais complexo do que outros grupos de invertebrados. É especialmente complexo em moluscos de cefalópodes. A base para o funcionamento do sistema nervoso dos insectos e praticamente todos os outros invertebrados são instintos, estritamente determinados, que são servidos por um número relativamente pequeno de neurónios que são responsáveis por uma determinada função fixa. Em grupos sociais de animais (formigas, cupins, abelhas), existem grupos especializados, geneticamente fixos: reprodução - o útero e os machos (em abelhas, zangões), abelhas operárias, soldados (em formigas, cupins), construtores que mantêm uma sala limpa, outros - o regime de temperatura.

Os animais entram periodicamente em contacto uns com os outros, especialmente durante a época de reprodução. Ao fazê-lo, comunicam utilizando sinais. Para o órgão visual, estes sinais podem ser manchas corporais, apêndices, uma cauda não enrugada, uma boca aberta, um lábio levantado, posturas corporais expressivas (por exemplo, a dança das abelhas), e grous. Estes são os chamados movimentos ritualizados. Cada um deles traz consigo certas informações. Estas acções e sinais são geneticamente fixados de forma rígida, executados com a máxima estereotipicidade, igualmente por todos os indivíduos de uma dada espécie, atribuindo-os às DCF típicas.

A importância de cuidar da descendência

O cuidado da prole é importante especialmente para animais imaturos. Estas são acções que visam melhorar as condições de sobrevivência e desenvolvimento da descendência. Mesmo nos vertebrados inferiores os cuidados só consistem em dar abrigo aos ovos fertilizados, ovos de peixe, ovos de répteis e depois a mãe não os volta a encontrar.

Quando cuidam activamente da sua prole, os adultos realizam uma série de acções específicas para assegurar todas ou muitas áreas da vida. Para além do abrigo (ninho, toca), alimentação, aquecimento, protecção, limpeza das superfícies corporais da poluição, etc., os pais de turmas como aves e mamíferos estão envolvidos no ensino das suas crias para encontrar comida, reconhecer inimigos, escapar ao assédio de predadores, etc. Apenas o cuidado activo da descendência está altamente desenvolvido na imaturidade.

Formação precoce da comunicação

Nas aves, como já foi demonstrado acima, o estabelecimento do contacto acústico entre progenitor e descendente começa logo na fase embrionária do desenvolvimento do pintainho através da aprendizagem perinatal (impressão).

As diferentes funções do canto de uma ave são moldadas em grande medida através do desenvolvimento perinatal. Por exemplo, nos cachos, a canção do jovem masculino ganha primeiro uma função sexual e depois uma função territorial só depois de aprender a modificar a 'sub-canção' juvenil, adicionar-lhe uma estrutura específica e modificar o ritmo.

A herança, imitando os sinais sonoros de outras aves, desempenha um papel importante.

Nos mamíferos, a impressão mútua de sinais individuais reconhecíveis dos pais e vitelos e o estabelecimento de contacto com eles ocorre em termos diferentes após o nascimento, dependendo do grau de maturidade no momento do nascimento, mas na maioria das vezes nas primeiras horas após o nascimento. A cria de um camelo dromedário, por exemplo, faz os seus primeiros sons ao nascer e após uma hora já é capaz de repetir todos os sons específicos da sua espécie, pelo que a comunicação acústica entre ela e a sua mãe começa imediatamente.

Pesquisas especiais realizadas por cientistas sugerem que se uma cria não se ligar a um indivíduo da sua própria espécie durante o último período crítico, poderá mais tarde desenvolver uma incapacidade de comunicar com outros da sua própria espécie, e ter dificuldade em comunicar e envolver-se em comportamentos reprodutivos.

Nos mamíferos, a "impressão inversa" - as características individuais das crias nos seus pais - é igualmente pronunciada. Por exemplo, ovelhas, cabras e outros ungulados aprendem a reconhecer estas características imediatamente após o nascimento das suas crias e já não deixam que os estranhos se aproximem das tetas.

A língua como sistema de sinalização

Um pré-requisito para a emergência de um mecanismo que assegure a transmissão de experiência em seres humanos está disponível em animais sob a forma de herança, copiando. O desenvolvimento da memória passou para uma nova etapa - a memória social. Inclui dois níveis, um dos quais é biológico-pastoral. Baseia-se na herança. A capacidade de herdar é inata. Difere da experiência adquirida através de tentativas e erros. A experiência individual adquirida ao herdar a experiência de outros indivíduos é refractada através da experiência de muitos indivíduos, enquanto a experiência adquirida através de tentativa e erro é a realização de apenas um indivíduo. O desenvolvimento vai desde a experiência herdada até à comunicação fala-língua e exprime-se em cada vez menos utilização da experiência inata para cada vez mais utilização da experiência individual, até à emergência da fala, da linguagem.

Ao contrário do pensamento animal, o pensamento humano é uma forma socialmente mediada de representação da realidade. Esta forma de representação inclui a experiência passada, tanto do indivíduo como da raça humana como um todo. As tradições emergem, e a "memória colectiva" desenvolve-se. O carácter específico do pensamento humano é também demonstrado no facto de ser um tipo de actividade independente, uma forma peculiar de actividade, enquanto que nos animais o pensamento está incluído no comportamento (por exemplo, como disse Pavlov, "os mouros pensam com as suas mãos"). Num processo de vários níveis, cada nível inferior não desaparece, mas serve um nível superior. O nível mais alto actua sempre como regulador do nível mais baixo. No primeiro nível, este tipo de regulação é completamente resolvido por processos bioquímicos, no segundo - por processos bioquímicos de regulação das estruturas nervosas, e no terceiro - tanto os processos bioquímicos como a regulação nervosa são eventualmente dirigidos por factores psíquicos, que, por sua vez, estão sob controlo de factores sociais nas pessoas.

A "linguagem" dos animais e a linguagem dos seres humanos.

A língua é um sistema de sinalização, uma forma de transmissão de informação. A fala humana (linguagem) consiste em palavras individuais, cada palavra - um símbolo de um objecto ou fenómeno consiste em sons individuais. A linguagem permite a abstracção (desinserção) de um objecto ou fenómeno. I. P. Pavlov chamou à linguagem humana o segundo sistema de sinalização. A linguagem dos animais: sons, cheiros, imagens, cor de um determinado objecto - chamou-lhe o primeiro sistema de sinais (é utilizado pelos surdos-mudos).

A questão de saber se os animais têm alguma inclinação para o simbolismo (o uso de sinais em vez de estímulos e conceitos reais) surgiu naturalmente desde os primeiros passos do estudo do comportamento e da psique dos primatas. Durante muito tempo, acreditou-se que não só os grandes símios não eram capazes de atingir este nível de desenvolvimento mental, como nem sequer se aproximavam dele (as características subjacentes eram consideradas como sendo tão "exclusivamente humanas").

A linguagem da maioria dos animais, incluindo a linguagem dos mamíferos, é um conjunto de sinais específicos - som, cheiro, luz, etc., que afectam uma dada situação e reflectem o estado do animal naquele momento específico. Por exemplo, durante a época de reprodução, os pombos arrefecem suavemente, os rouxinóis formam solilóquios, o líder elefante ronrona, levanta a tromba, reúne outros elefantes em busca de alimento, um veado ruge, informa outros veados machos da sua reivindicação a uma fêmea e do seu desejo de acasalar com ela. A linguagem olfativa nos animais das famílias Kunus, Canina e Felina marca os limites do território, determina a disponibilidade do parceiro para acasalar, etc.

Muitas espécies animais utilizam sinalização sonora: galinhas fazem 13 sons diferentes, galos fazem 15, sapos fazem 6, mamas fazem 90, grebes fazem 120, porcos fazem 23, corvos fazem 300, golfinhos fazem 32, raposas fazem 36 e galinhas amarelas fazem mais de 40. Estes sons indicam o estado emocional e psicológico geral do animal, sinal de alimentação, ansiedade ou agressão. Comunicando com as suas crias, a golfinha fêmea compõe até 800 sons diferentes.

Uma característica importante dos principais tipos de comunicação da maioria dos animais é a sua sinalização sem endereço, os sinais não são especificamente dirigidos a um determinado animal. Isto torna as línguas naturais dos animais fundamentalmente diferentes das línguas humanas, que funcionam sob o controlo da consciência e da vontade. As línguas animais são específicas da espécie: são as mesmas para todos os indivíduos de uma dada espécie, as suas características são determinadas geneticamente, e o seu conjunto de sinais é praticamente impossível de expandir. A sinalização (línguas) da maioria das espécies animais inclui as seguintes categorias principais:

• sinais destinados a parceiros sexuais e possíveis concorrentes;

• sinais que permitem o intercâmbio de informação entre pais e descendentes;

• gritos de alarme, que na maioria das vezes têm o mesmo significado para animais de outras espécies (altruísmo);

• uma mensagem sobre a disponibilidade de alimentos;

• sinais que ajudam a manter o contacto entre os membros da embalagem;

• os sinais associados à manifestação de agressão;

• sinais de tranquilidade, etc.

A investigação dos últimos anos tem acumulado muitas provas de que a linguagem dos primatas, e talvez também de outros animais altamente organizados, se estende para além do sistema de comunicação específico da espécie. Sabe-se, por exemplo, que a linguagem dos chimpanzés tem pistas audíveis para denotar objectos e fenómenos específicos, em particular diferentes tipos de predadores. Não relatam "predador em geral" como um "perigo", mas especificamente um leopardo, uma cobra, etc. Da mesma forma, há sinais não de qualquer alimento para satisfazer a fome, mas de um alimento em particular Zorina et al. 1999; Reznikova 2000).

A capacidade dos chimpanzés de compreender a sintaxe, tal como revelada pelo seu domínio de línguas intermédias e assim por diante, de comunicar com humanos em estudos de laboratório, pode aparentemente ser vista também no comportamento natural destes animais.

I. P. Pavlov chamou aos sistemas de comunicação utilizados pelos animais o primeiro sistema de sinalização comum aos animais e aos seres humanos.

A linguagem humana permite que a informação seja transmitida sob a forma de palavras - símbolos, que são sinais de outros sinais, específicos. É por isso que I.P. Pavlov chamou às palavras um sinal de sinal e à linguagem um segundo sistema de sinalização. Não só fornece a capacidade de responder a estímulos e eventos específicos, mas de forma generalizada armazena e transmite informação sobre objectos em falta, bem como eventos passados e futuros. A "linguagem" nos animais, ao contrário da linguagem nos humanos, não pode servir como forma de transmitir experiência.

Ao contrário dos sistemas de comunicação animal, a linguagem humana serve não só como um meio de transmissão de informação, mas também como um aparelho para a sua síntese. É necessário para a função cognitiva mais elevada dos seres humanos - pensamento (verbal) abstracto-lógico.

A linguagem humana é um sistema aberto; o seu stock de sinais é praticamente ilimitado. Por exemplo, ao combinar pregas individuais de uma única palavra "komutator", pelo menos 15 palavras de significado bastante diferente podem ser criadas: coma, mat, muka, tato, mur, boca, kut, tom, tumor, mão, kum, rak, tour, com, traça, pedra, so. Embora o número de sinais no repertório de línguas animais naturais seja pequeno.

Duas abordagens são actualmente utilizadas para analisar este problema: 1/ teste para simbolização em experiências laboratoriais convencionais; 2/ ensino de línguas especiais a animais - as chamadas línguas intermediárias, que são um análogo simplificado da língua humana. As línguas intermédias reflectem principalmente a sua estrutura, mas são implementadas de forma mais acessível para os animais - através de gestos, escolha de fichas, premir teclas nos computadores, etc. Consideremos cada um deles separadamente.

A capacidade dos animais para simbolizar

A simbolização é a utilização de equivalência entre sinais neutros - símbolos e certos objectos, acções, conceitos. Várias técnicas experimentais são utilizadas para estudar a função cognitiva em primatas e aves. Uma dessas técnicas está relacionada com o problema de descobrir a capacidade dos animais para contar. Sabe-se que os animais são capazes de várias formas de estimar estimativas quantitativas de parâmetros ambientais (por exemplo, o número de ovos numa ninhada em aves), incluindo a formação de um conceito pré-verbal de "número". Foi estudada a capacidade dos animais de "contar verdadeiramente".

O trabalho da cientista americana Sarah Boizeny e dos seus colegas (1989; 1995) contribuiu particularmente para a questão da capacidade dos animais de utilizar símbolos para caracterizar a capacidade de contagem. O trabalho da cientista americana Sarah Boiseny e dos seus colegas (1989; 1995) contribuiu para a solução do problema da capacidade do animal de utilizar símbolos para caracterizar a sua capacidade de contagem.

Primeiro, os chimpanzés foram ensinados a colocar um e apenas um doce em cada um dos seis caroços do tabuleiro. A intenção deste procedimento era demonstrar uma correspondência de um para um entre o número de tiras e o número de doces. A tarefa seguinte era descobrir a persistência da correspondência gerada e fornecer uma linha de base para a introdução dos números árabes. Em resposta a ser apresentado com um tabuleiro de um, dois ou três doces

O chimpanzé teve de escolher uma das três cartas com o mesmo número de pontos. Gradualmente, primeiro um, depois dois, e assim por diante, os cartões de pontos foram substituídos por cartões de números, de modo que o chimpanzé teve de utilizar estas imagens anteriormente indiferentes em vez de conjuntos reais. Quando a Sheba começou a escolher com confiança os três números que correspondiam ao número de doces na bandeja, o computador foi utilizado para a ensinar. Foi mostrado um dos dígitos de Sheba num monitor e teve de escolher um cartão com uma imagem do número correspondente de pontos, ou seja, utilizar símbolos para um tipo de conjunto diferente do utilizado na experiência. Com este método, Sheba aprendeu mais dois símbolos: os números 0 e 4, e mais tarde também 5, 6 e 7. Caracteristicamente, ao aprender novos conjuntos, ela tocou primeiro em cada conjunto de doces por sua vez e só depois seleccionou o dígito correcto. Pesquisas adicionais mostraram que isto não era simplesmente seguir as acções do experimentador, mas realmente algum tipo de "contagem".

Os resultados forneceram fortes provas da capacidade dos chimpanzés para se lembrarem e utilizarem símbolos.

Noutra experiência, a capacidade de simbolizar foi testada em aves do género corvo. A noção geralmente aceite da inteligência destas aves, especialmente do corvo Caledonian, é confirmada pelo elevado desempenho das aves deste género em quase todos os testes cognitivos que examinámos. Isto também é confirmado por dados de ornitólogos e etólogos relativos à plasticidade do seu comportamento em ambiente natural ou urbano. A sua capacidade de resolver tarefas de extrapolação e de operar com figuras de dimensão empírica é tão bem sucedida como a dos mamíferos inferiores e superior à dos mamíferos predadores.

Ao mesmo tempo, mostram uma função de generalização e abstracção significativamente mais desenvolvida, que lhes permite operar com uma série de conceitos abstractos, incluindo o conceito pré-verbal de "número". Uma vez que este nível de generalização é considerado anterior à emergência do segundo sistema de sinais, havia uma base para testar se os corvos eram capazes de realizar o teste de simbolização (Zorina, Smirnova, 2000), no qual os corvos não tinham uma relação associativa numérica, mas eram autorizados a realizar esta relação independentemente com base em informações obtidas em séries especiais de "demonstração".

Esta abordagem foi baseada em três factos experimentais que provaram a capacidade dos corvos: 1/ de generalizar com base no "número"

(Zorina, Smirnova, 2000); (2/ para operar com os conceitos de "matching" e "mismatching". (Smirnova et al., 1998); (3) lembrar facilmente o número de objectos de busca discreta associados a cada estímulo específico e utilizar esta informação numa nova situação (Zorina et al., 1991).

O estudo foi realizado em aves previamente ensinadas a regra de selecção de acordo com uma amostra e com conceitos de números pré-verbais formados.

Na série "demonstração", foram dadas aos corvos informações sobre o "preço" de cada estímulo. No caso de uma escolha correcta, as aves receberam um reforço diferenciado: encontraram o número de larvas que correspondia ao número da carta que tinham escolhido.

Para completar esta tarefa com sucesso, os corvos não só tiveram de utilizar uma regra de selecção de padrões previamente aprendida, como também tiveram de fazer uma operação adicional, nomeadamente comparar informação previamente adquirida. Esta informação era o número de unidades de reforço associadas a cada um dos estímulos da série de demonstração, e anteriormente os números e múltiplos nunca tinham sido apresentados simultaneamente. Por exemplo, se um padrão foi seguido por um dígito 4 e foi oferecida uma escolha de 2 e 4 figuras geométricas, o dígito era o mesmo para o qual a ave tinha recebido anteriormente o mesmo número de larvas flourcracker. A mesma operação tinha de ser feita se o padrão tivesse uma multiplicidade de, digamos, 3 elementos e dois dígitos 3 e 2 fossem oferecidos para selecção.

As aves resolveram o problema correctamente desde o primeiro julgamento: na maioria dos casos, escolheram de forma fiável o número que corresponde ao que consta da amostra.

Assim, os corvos são capazes, sem formação especial, ao comparar mentalmente informação previamente adquirida, de encontrar a equivalência de múltiplos e sinais indiferentes (dígitos de 1 a 4).

Ensino de línguas intermédias aos animais

A outra forma mais importante de estudar a capacidade dos animais de simbolizar é tentar ensinar-lhes línguas artificiais que respondam de certa forma às peculiaridades da língua humana.

O estudo do comportamento das malvas no processo de aprendizagem de línguas intermediárias (como manifestação das funções cognitivas e comunicativas mais complexas) é importante para compreender a evolução do comportamento. Permite avaliar quais os elementos dos processos comunicativos em animais e em que medida precederam a emergência da linguagem humana (Reznikova, 1998; 2000; Zorina et al., 1999).

Os mamíferos humanos bem como os golfinhos e papagaios são capazes de dominar línguas intermediárias que repousam em processos cognitivos superiores - generalização, abstracção e formação de conceitos pré-verbais, capacidades que neles foram reveladas em experiências laboratoriais tradicionais.

Tipos de línguas intermediárias. Todas as línguas intermediárias utilizadas foram construídas por detrás das regras da gramática inglesa, mas utilizaram elementos diferentes como 'palavras'.

Amslain é uma linguagem gestual desenvolvida na América para comunicar com os surdos e mudos.

Yerkish, ao contrário do amslan, é concebido especificamente para a experimentação e utiliza ícones especiais - "lexigramas" - como "palavras", que a Maupah escolhe no teclado e pode depois ver no ecrã do computador. Outra variante do yerkish é quando um mawpa ouve instruções verbais e responde a elas com sinais.

O ensino de Maupas tanto a Amslain como a Yerkish tem sido bem sucedido. O sucesso deveu-se ao facto de os métodos utilizados serem inteiramente adequados para descobrir até que ponto tal linguagem poderia ser um meio de comunicação entre os Maupas e os humanos, bem como entre os Maupas e uns e outros.

O ensino de mavens a amnésicos. Autores da primeira experiência — marido e mulher Gardner (1969; 1985) escolheram a linguagem gestual dos surdos americanos — amslen e foram capazes de investigar a capacidade dos chimpanzés para aprenderem os elementos da língua.

Sem esperar muito sucesso por parte da Washoe, eles partiram para descobrir:

- se Washoe pode recordar e utilizar adequadamente os gestos;

- quantos gestos podem fazer parte do seu "vocabulário";

- pode um mauvais dentes compreender o questionamento e o negativo;

- se ela compreenderá a ordem das palavras de uma frase.

Os resultados obtidos durante o primeiro período de trabalho com Washoe, e mais tarde com as outras Maupas, excederam as previsões cautelosas. Em três anos de formação, Washoe aprendeu 130 sinais. Os chimpanzés aprenderam activamente um grande stock de gestos, que utilizaram activamente numa vasta gama de situações.

O vocabulário da linguagem dos chimpanzés roubados, inclui

gestos que significam :

- os nomes dos objectos que o animal utiliza na vida quotidiana;
- a importância das cores, tamanho, sabor e material dos objectos;
- o significado das emoções - "magoado", "engraçado", "assustado", etc;
- o significado de conceitos abstractos - "bastante", "ainda".

O significado da negação "não" (dominar este gesto foi muitas vezes difícil. Por exemplo, Washoe só começou a usá-la depois de terem sido feitas ameaças para a expulsar para a rua onde um cão ladrava, o que ela temia muito).

As experiências com diferentes Maupas mostraram que mesmo um vocabulário de 400 gestos não é o limite das suas capacidades. Os animais também aprenderam centenas de sinais e compreenderam mais de 2000 palavras verbalmente quando treinados em Yerkishu.

Deve ter-se em conta que a maioria dos estudos foram realizados em jovens chimpanzés e pararam o mais tardar quando atingiram a idade de 10 anos. Considerando que os chimpanzés podem viver até 50 anos em cativeiro, os autores assumiram que os dados obtidos indicavam que nem todas as capacidades dos animais estavam presentes. Uma vez terminadas as experiências, os animais podem lembrar-se do vocabulário que aprenderam e das competências que utilizaram durante muitos anos. Por exemplo, Washoe, que foi visitada pelos seus zeladores G ardners após uma separação de sete anos, chamou-os imediatamente pelo nome e fez um gesto: "Vamos abraçar!

Os dados da formação dos Mavs em línguas intermediárias fornecem uma base para analisar que características da língua humana podem ser encontradas neles.

Os sinais de chimpanzé amslain são 'semânticos', ou seja, podem ser utilizados pela Maupas para atribuir significados específicos a um símbolo abstracto.

A característica da "produtividade" significa a capacidade de formar e compreender um número infinito de mensagens, de transformar o stock original de símbolos em novas mensagens. Isto é evidenciado, por exemplo, pela capacidade de combinar sinais para denotar novos objectos. Por exemplo, Washoe referiu-se a uma melancia como "doce-bebida" e a um cisne, que ela encontrou pela primeira vez durante um passeio, como "ave aquática". Ao longo de quatro anos, Washoe dominou 132 gestos e aprendeu independentemente a combiná-los numa cadeia de 2-5 palavras "dá-me um doce", "vem e abre-te".

A propriedade da "transferência" significa que o assunto da mensagem e os seus resultados podem ser separados no tempo e no espaço da fonte da mensagem. A presença deste bem é evidente na capacidade de: usar sinais sem a presença de um objecto específico; transmitir informações sobre eventos passados e futuros .

R. Fouts (1984) fornece uma prova anedótica desta característica na língua dominada por Washoe e Lucy. Por exemplo, quando Lucy foi separada de um cão doente, o seu animal de estimação, ela lembrava-o constantemente, chamava-o pelo nome e explicava-lhe que estava a sofrer.

Nos sistemas naturais de comunicação animal, a propriedade da "transferência" não foi detectada.

A herança cultural é a capacidade de transmitir informação sobre o significado dos sinais de geração em geração através da aprendizagem e da herança. A questão de saber se tal característica é revelada nos chimpanzés quando é utilizada uma língua intermediária ainda não foi respondida com precisão. A comunicação entre Washoe e o seu filho adoptivo Luis mostra que tal herança pode obviamente existir.

Há três casos conhecidos em que Washoe ensinou especificamente ao bebé sinais de amslen (comida, pastilha elástica, cadeira), dobrando os dedos em conformidade. Dois destes gestos tornaram-se parte do seu vocabulário. Os chimpanzés adultos também aprenderam os sinais em alguns casos, herdando os seus familiares.

Estas descobertas são de indubitável interesse, mas não podem fornecer provas suficientemente conclusivas para a existência de herança cultural de competências linguísticas em chimpanzés. Embora utilizem sinais na ausência de humanos, não é claro até que ponto estes sinais diferem em função da linguagem natural dos gestos e movimentos corporais. Não foi analisado que maups sinalizam uns aos outros e que tipo de comunicação é transmitida por estes gestos. No entanto, em condições naturais, a herança cultural desempenha provavelmente um papel na formação de dialectos de linguagem natural dos chimpanzés.

Ensino de línguas intermediárias a outros animais

Para além dos chimpanzés, a linguagem gestual também foi ensinada com sucesso a gorilas e orangotangos. A questão de saber se outros animais desenvolveram as funções cognitivas subjacentes à aquisição da linguagem gestual em antropóides é certamente de interesse, e vários cientistas tentaram investigá-la.

Aprendizagem dos golfinhos. A capacidade dos mamíferos marinhos de dominar línguas-mediadores durante vários anos estudou o investigador americano L. Herman (1986). A tarefa da sua investigação era ensinar primeiro ao golfinho-afalino os "nomes" de diferentes objectos na piscina e realizar acções com eles.

Para um golfinho, as "palavras" eram sinais gestuais o experimentador, que se encontrava à beira da piscina. O outro golfinho foi comunicado por meio de sons gerados por computador. Os animais tinham de aprender a ligação entre os objectos na piscina e os sinais que os significam, bem como entre os gestos e as manipulações que tinham de realizar.

Gradualmente, os golfinhos, executando correntes com 2-3 sinais, aprenderam a seguir com precisão as instruções do treinador e a executar algumas combinações de acções com objectos tais como "tocar a vigia com a cauda", "tirar água e deitar água no M", "colocar um anel no pau do lado esquerdo", etc. Foram também realizados mais testes utilizando novas frases, nas quais os animais foram também convidados a trazer ou mover algum objecto ou a colocar um objecto em outro, sobre ele, etc. Os golfinhos têm demonstrado a capacidade de compreender com precisão os sinais que indicam a disposição espacial dos objectos. Este facto concorda bem com os dados sobre a capacidade dos golfinhos de generalizar estes sinais em experiências em laboratório (Starodubtsev, 2000).

Uma série de testes consistiu no facto de o objecto a ser manipulado pelo golfinho estar para além do seu campo de visão ou de a instrução ter sido dada 30-40 segundos antes de o objecto aparecer. Os golfinhos enfrentaram com sucesso o comando insruktor e nestas condições, quando o seu comportamento foi determinado não pela presença do objecto, mas guardado na sua percepção da memória do objecto. No entanto, ainda não foram obtidas provas de que os golfinhos possam sintetizar eles próprios até as frases mais simples.

Formação de papagaios. A investigação sobre papagaios é, sem dúvida, de interesse. Sabe-se que membros de diferentes espécies desta gama de aves podem aprender e pronunciar centenas de palavras, variar as palavras de uma frase, compor frases apropriadas à situação e participar em diálogos razoavelmente significativos com os seus tratadores.

Apesar da importância de se obter uma caracterização comparativa das capacidades cognitivas destas aves altamente organizadas com cérebros grandes e finamente diferenciados, há pouco estudo experimental. Uma excepção a isto são muitos anos de trabalho seminal. pela investigadora americana Irene Pepperberg (1981; 1987; 2000). Desenvolveu um método original de comunicação com o papagaio Alex (os jackoos cinzentos africanos), sendo a linguagem mediadora a própria linguagem humana.

Alex entrou no laboratório da Universidade do Arizona com a idade de 11 anos, bastante adulto, e mostrou imediatamente uma grande capacidade de aprendizagem. Na sua presença, as pessoas falavam umas com as outras, e o papagaio observava atentamente e tentava juntar-se à conversa. O método de Pepperberg caracterizou-se pelo facto de duas pessoas (formadores) participarem no processo de aprendizagem. Um formador (o formador principal) dirige-se tanto ao outro formador como ao papagaio ao mesmo tempo. Um formador serve como objecto de herança para o papagaio, e o outro como uma espécie de rival. As lições foram conduzidas desta forma. Um experimentador mostraria ao outro uma maçã ou um lápis, perguntando: "o que é isso?". Se a resposta estava correcta, a pessoa que aprendeu foi elogiada e recebeu o objecto nomeado.

Alex dominou cerca de 100 artigos (madeira, couro, papel, cortiça, noz, banana, casaco, cenoura, cereja, ameixa, costas, etc.) em 15 anos de formação. É capaz de identificar a forma de um objecto, o número de palavras, contar até 6, conhece as categorias "forma", "material", "cor" e nomeia 7 cores. Ele usa activamente a palavra "querer" e se lhe for dado o objecto errado, diz "não" e atira-o para o lado.

Alex também dominou a semelhança e generalizações de correspondência e relatou com confiança se lhe foram mostrados objectos iguais ou diferentes.

O comportamento do papagaio nas experiências de Pepperberg é profundamente impressionante, embora o seu nível de capacidade não seja comparável com o demonstrado pelos chimpanzés. No entanto, foi Pepperberg que, pela primeira vez, conseguiu estabelecer experiências a partir das quais a natureza das capacidades cognitivas dos papagaios pode ser objectivamente julgada. Graças a este programa, Alex aprendeu não só a nomear objectos de teste, mas também a identificar a sua forma (triângulo, quadriângulo), cor e o material de que são feitos. Ele poderia responder a uma pergunta do tipo: "Quantos objectos existem? Quantos deles são redondos? Quantos são de couro? Quantos são negros?" Neste papagaio, foi possível fazer uma ligação entre uma situação que lhe era desagradável e a proibição do "não".

O trabalho com a aprendizagem de línguas em vertebrados - não primatas - está estruturado não tanto para revelar as suas capacidades comunicativas, mas para caracterizar o seu nível de actividade cognitiva - a capacidade de generalizar e simbolizar.

Assim, a capacidade dos animais de generalizar e abstrair, que nas aves e mamíferos mais organizados atinge o nível de formação de um conceito pré-verbal, dá uma oportunidade de dominar símbolos e de operar com eles em vez de objectos e conceitos reais. Esta capacidade foi revelada tanto em experiências de laboratório tradicionais ("contagem" em chimpanzés e corvos), como em situações de comunicação humana com antropóides, golfinhos, e um papagaio usando línguas intermediárias. A descoberta deste nível de capacidades cognitivas em animais confirma a hipótese de uma fase de transição entre o primeiro e o segundo sistemas de sinalização. E permite esclarecer entre a psique humana e animal, indicando que esta função cognitiva superior no ser humano tem pré-requisitos biológicos. Contudo, mesmo nos animais mais organizados - chimpanzés - o nível de domínio da variante mais simples da língua não excede as capacidades de uma criança de 2-2,5 anos de idade.

Inteligência animal.

O pensamento é uma representação generalizada da realidade, que se baseia no livre funcionamento das imagens e fornece conhecimentos sobre as características mais essenciais, ligações e relações entre objectos no ambiente. "A razão é compreender a essência das coisas" (Mo-Tzu, antigo filósofo chinês, 480-400 a.C.).

O pensamento é uma forma complexa de actividade mental humana, o ápice do desenvolvimento evolutivo humano, pelo que autores diferentes enfatizam nas suas definições lados diferentes deste processo multifacetado.

Psique sensorial elementar

- o mais baixo nível de desenvolvimento mental. Existe um grupo muito grande de animais a este nível de desenvolvimento mental. Entre eles, há animais que estão na fronteira dos reinos vegetal e animal (flagelados) e, por outro lado, há organismos unicelulares e multi-celulares relativamente complexos. Os representantes mais típicos deste grupo de animais são os protozoários. Podemos falar aqui de psique porque os protozoários reagem activamente às mudanças no ambiente. E reagem directamente às propriedades biologicamente insignificantes dos componentes do ambiente como sinais do aparecimento de condições ambientais vitais.

O que é crucial é que sem a presença de órgãos sensoriais (sensores) e substância nervosa, não pode haver psique. É apenas um estímulo e uma reacção ao mesmo. Foi salientado em tópicos anteriores que o nível mais baixo de mapeamento mental não é de todo o nível mais baixo de mapeamento, porque mesmo as plantas têm um mapeamento pré-psíquico em que há processos de irritabilidade. Elementos de tal mapeamento pré-psíquico encontram-se em protozoários. Em euglena também é condicionado pela presença de um tipo de nutrição autotrófica, razão pela qual euglena é igualmente atribuído tanto a plantas como a animais.

Em alguns casos, os protozoários também têm elementos positivos de orientação no espaço. Por exemplo, uma ameba pode encontrar um objecto alimentar a uma distância de até 20-30 microns. Os rudimentos da procura activa de presas também existem em infusórios predatórios. Contudo, em todos estes casos, as reacções tóxicas positivas ainda não são da natureza do verdadeiro comportamento de busca, pelo que estas excepções não alteram a avaliação global do comportamento protozoário, muito menos a característica do nível inferior da psique sensorial elementar como um todo. À distância a este nível são reconhecidos componentes predominantemente negativos do ambiente, enquanto que os sinais biologicamente "neutros" de componentes positivos ainda não são geralmente percebidos à distância como sinais de sinalização. Assim, o mapeamento mental ao nível mais baixo de desenvolvimento tem principalmente uma função de cão de guarda e caracteriza-se por uma característica de "lopsidedness": as propriedades biologicamente insignificantes associadas dos componentes ambientais são detectadas remotamente pelos animais como sinais do aparecimento apenas de componentes nocivos. A plasticidade do comportamento protozoário tem as possibilidades mais rudimentares.

Embora primitivo, o comportamento dos protozoários é ainda bastante complexo e flexível, pelo menos dentro dos limites necessários para a vida nas condições do microcosmo. Estas condições têm características específicas e este mundo não é um macrocosmo muito reduzido. Além disso, o ambiente de microcosmos é menos estável do que o ambiente de macrocosmos. Isto manifesta-se, por exemplo, na secagem periódica de pequenos corpos de água. Por outro lado, a curta duração de vida dos microorganismos como seres individuais (rápida mudança de gerações) e a relativa monotonia deste microcosmo não permitem o desenvolvimento de formas mais complexas de experiência individual. No microambiente, não existem condições complexas e diversas às quais se possa adaptar aprendendo sozinho. Nestas condições, a plasticidade da estrutura dos protozoários e a facilidade de formação de novas estruturas permitem que estes animais se adaptem suficientemente às condições de existência.

Deve ser mencionado que os protozoários não são um grupo homogéneo de animais e as diferenças entre as suas diferentes formas são muito grandes. Os representantes superiores do tipo evoluem em paralelo com os invertebrados multicelulares inferiores. Como resultado, os protozoários altamente evoluídos apresentam por vezes um comportamento mais complexo do que alguns invertebrados multicelulares. Um grande número de invertebrados multicelulares atingiu o mais alto nível de psique sensorial elementar. Estes são, acima de tudo, os celerados, que têm um sistema nervoso difuso, e os vermes inferiores muito menos as esponjas. Contudo, mesmo os representantes muito primitivos de animais multicelulares tinham condições de comportamento fundamentalmente novas em resultado do aparecimento de estruturas qualitativamente novas - tecidos, órgãos, sistemas de órgãos. Isto levou ao aparecimento de um sistema especial para coordenar a actividade destes organismos multicelulares e a sua interacção com o ambiente - *o sistema nervoso.*

Os invertebrados multicelulares inferiores incluem também equinodermes, vermes de anel superior, alguns moluscos, etc. (já têm um sistema nervoso ganglionar).

As minhocas são os poliquetas (polychaetes) que vivem no mar, as minhocas (a minhoca é mais conhecida por todos), e as Piaceae.

Como acima referido, as formas mais pouco organizadas de invertebrados multicelulares estão ao mesmo nível de desenvolvimento que os representantes superiores dos protozoários. Quanto ao comportamento das minhocas, corresponde completamente ao estágio da psique sensorial elementar, pois consiste em movimentos orientados apenas para características distintas de objectos e fenómenos. Além disso, estas características são as que alertam para o aparecimento de condições ambientais vitais, das quais depende a solução das necessidades biológicas básicas dos animais. Esta orientação é feita apenas com base em sensações. A percepção, a capacidade de percepção de objectos, ainda está ausente.

No comportamento de vertebrados anelados, bem como de protozoários, a fuga de influências externas desagradáveis do ambiente ainda prevalece. No entanto, uma procura activa de estímulos positivos ocupa um lugar de destaque no comportamento destes animais e é característica de um nível mais elevado de psique sensorial elementar. Tal como nos protozoários, a cinese e os táxis elementares desempenham um papel importante na vida das minhocas e outros invertebrados multicelulares inferiores. Mas juntamente com estes, começam a aparecer os rudimentos de formas complexas de comportamento instintivo (especialmente em alguns vermes poliquete, sanguessugas e também caracóis) e, pela primeira vez, surgem táxis mais elevados que proporcionam uma orientação muito mais precisa do animal no espaço e a utilização mais completa dos recursos alimentares ambientais. Como resultado, surgiram os pré-requisitos para elevar toda a actividade da vida a um nível mais elevado, que têm lugar na fase da psique perceptual. Os rudimentos de actividade construtiva, comportamento agressivo e comunicação apareceram pela primeira vez nos representantes superiores deste grupo invertebrado. Isto deve-se ao facto de as formas mais elevadas de comportamento já estarem estabelecidas nas fases inferiores de desenvolvimento da actividade mental. No entanto, é de notar que o comportamento nestes animais ainda é pouco estudado. Hoje em dia quase nada se sabe sobre a ontogenia do comportamento neste grupo de animais, como se forma e desenvolve e se torna mais complexo durante o desenvolvimento individual. É bem possível (se excluirmos as transformações de metamorfose, comportamento larvar em animais multicelulares inferiores, etc.) que uma complicação ontogenética semelhante nestes animais não seja essencial ou mesmo não ocorra de todo.

Psique perceptual

(A percepção é o reflexo directo da realidade objectiva pelos sentidos). A psique perceptual é a fase mais elevada no desenvolvimento da reflexão mental. Os componentes do objecto do ambiente já são exibidos como unidades completas, enquanto que na percepção sensorial elementar apenas são exibidas propriedades individuais. A percepção dos objectos permite necessariamente um certo grau de generalização, e surgem percepções sensoriais.

A psique perceptual, característica de um grande número de animais que se encontram em diferentes níveis de desenvolvimento evolutivo, pode mostrar grandes diferenças em casos específicos. Portanto, existem também dois níveis (inferior e superior) nesta fase de desenvolvimento psiquiátrico.

No nível mais baixo estão principalmente invertebrados superiores - insectos, moluscos cefalópodes. Os insectos são a classe mais abundante de animais, tanto em termos do número de espécies como do número de indivíduos. Os insectos vivem em toda a parte na terra (em todas as zonas climáticas) - tanto à superfície como no solo, em todos os corpos de água doce e no ar, subindo até dois quilómetros.

A procura activa de estímulos positivos é claramente evidente a este nível. Isto significa que se verifica um desenvolvimento intensivo de todos os comportamentos tóxicos. Estes desempenham um papel especial na orientação espacial e é na memorização individual das orientações que se torna evidente a maior capacidade de aprendizagem.

Ao mesmo tempo, nos animais deste nível, particularmente nos insectos, a acumulação de experiência e aprendizagem individuais desempenha um papel essencial, mas existe também uma certa contradição nos processos de aprendizagem e na combinação de traços progressivos e primitivos.

No entanto, isto não significa que os insectos, como outros membros deste grupo de animais, careçam de plasticidade de comportamento. Pelo contrário, a regularidade geral é plenamente revelada, que consiste no facto de a complicação do comportamento instintivo ir inevitavelmente a par com a complicação do processo de aprendizagem. Só uma tal combinação permite um progresso real da actividade mental. O comportamento instintivo a este nível de desenvolvimento mental é representado por novas categorias desenvolvidas: comportamento de grupo, comunicação, ritualização. A complexidade especial é representada por formas de comunicação em espécies que vivem em famílias enormes, entre as quais as abelhas são as mais bem estudadas; a linguagem das abelhas pertence às formas de comunicação mais complexas que existem no mundo animal em geral. As formas mais complexas de comportamento instintivo estão naturalmente associadas às mais variadas e complexas manifestações de aprendizagem, o que garante não só uma coerência excepcional de todos os membros da família das abelhas, mas também a plasticidade máxima do comportamento individual. As características mentais das abelhas (bem como de alguns outros insectos superiores) em alguns aspectos vão para além do nível inferior da psique perceptual.

O desenvolvimento da actividade mental nos moluscos cefalópodes é diferente do dos artrópodes. Para algumas características, estão mais próximas dos vertebrados, como evidenciado pelo seu grande tamanho e peculiaridades da estrutura do sistema nervoso e especialmente do receptor visual, que está directamente relacionado com um aumento dramático da velocidade de movimento em comparação com outros moluscos, uma manipulação complexa. O comportamento dos cefalópodes é mal compreendido, mas muitas das suas capacidades primitivas já foram estudadas. Acima de tudo, estes animais são caracterizados por um aumento significativo do seu comportamento instintivo. Já têm comportamentos territoriais (aquisição e protecção de parcelas individuais), "agressividade", característica apenas dos vermes superiores, aparecem comportamentos de grupo, na esfera da reprodução formas ritualizadas de comportamento, "cortejo" dos machos às fêmeas. Tudo isto é característico apenas de animais superiores, excepto cefalópodes, artrópodes e vertebrados.

Há estudos que chamam a atenção para o facto de que os polvos têm um sentido de "interesse" altamente desenvolvido. Isto é evidente na forma como os polvos inspeccionam objectos biologicamente desnecessários, bem como nas suas capacidades manipuladoras e construtivas altamente desenvolvidas. Eles constroem muros e abrigos de pedras, caranguejos, conchas de ostras, etc. Eles montam o material de construção carregando-o e reforçando-o "com as suas mãos".

É também importante que, pela primeira vez, os moluscos cefalópodes desenvolvam a capacidade antes de estabelecerem contacto com humanos, antes de comunicarem com eles. Isto sugere que existe uma possibilidade real de domesticação destes animais (ao contrário dos insectos). Assim, é possível dizer que os cefalópodes atingiram sem dúvida um elevado nível de desenvolvimento e, em muitos aspectos, abordaram os vertebrados no desenvolvimento da psique. Ao mesmo tempo, os cefalópodes mostram a mesma inconsistência na sua capacidade de aprender que os insectos. Por exemplo, o polvo tem uma capacidade de pré-aprendizagem geralmente bem desenvolvida para estímulos visuais e tácteis, mas em alguns casos é considerado incapaz de resolver tarefas aparentemente simples. Isto aplica-se especialmente à superação de obstáculos: o polvo é incapaz de encontrar uma solução se a prinada (caranguejo) estiver atrás de uma divisória transparente. Embora alguns espécimes ainda sejam capazes de resolver os problemas descomplicados do desvio, especialmente se ele já tem uma experiência anterior. Os outros cefalópodes são inferiores ao polvo nas suas capacidades mentais.

É evidente que ao avaliar tais experiências deve ter-se em conta que aqui são oferecidas tarefas biologicamente inadequadas e, portanto, insolúveis: em condições naturais, um polvo nunca se encontra numa situação em que a presa que vê directamente é inatingível. Além disso, as tarefas de bypass são muito difíceis - não só as tartarugas como também as galinhas não conseguem lidar com elas. No entanto, é possível pensar que a actividade mental dos cefalópodes combina características progressivas que os aproximam dos acordeamentos. Entre os traços primitivos está um conhecido "negativismo" da aprendizagem: os cefalópodes aprendem mais facilmente a fugir de estímulos desagradáveis do que a encontrar um favorável. E nisto há uma semelhança notável com o comportamento dos animais que possuem uma psique sensorial rudimentar.

Alguns membros das cordas inferiores estão também no nível mais baixo da psique perceptual. Contudo, a diferente estrutura e forma de existência dos artrópodes e vertebrados é a razão pela qual o seu comportamento e psique não são essencialmente comparáveis. Assim, uma das características distintivas dos insectos é o seu pequeno tamanho em comparação com os vertebrados. A este respeito, o ambiente para os insectos é algo muito especial: não é microcosmo de protozoários, mas também não é macrocosmo de vertebrados. É difícil para os humanos imaginá-lo (na nossa opinião) como micropaisagens, microclimas, etc. Embora os insectos vivam perto de nós, eles vivem em condições muito diferentes de temperatura e luz, etc. É por isso que a representação mental da realidade pelos insectos não pode ser fundamentalmente diferente da dos vertebrados e da maioria dos invertebrados.

O mais alto nível de desenvolvimento da psique perceptiva

No mundo animal, o processo de evolução produziu três dos grupos mais altamente organizados: vertebrados, insectos e moluscos cefalópodes. Têm as formas mais sofisticadas de comportamento e representação mental. Os representantes dos três "pináculos" são capazes de percepção de objectos, embora apenas os vertebrados tenham desenvolvido plenamente esta capacidade. Nos outros dois grupos, a percepção desenvolveu-se de uma forma peculiar e é qualitativamente diferente da dos vertebrados. O mesmo acontece com outros critérios da fase de psíquicos perceptuais, para não mencionar o facto de no processo de evolução apenas os vertebrados em geral terem atingido o nível mais elevado de psíquicos perceptuais e não todos. Apenas nos vertebrados mais altos são reveladas as manifestações mais complexas da actividade psíquica, que geralmente se encontram no mundo animal.

Ao comparar invertebrados e vertebrados, também se deve ter em conta o facto de que nem os cefalópodes nem os artrópodes têm nada a ver com os antepassados dos vertebrados. O caminho que leva a estes topos desviou-se do caminho para o terceiro ápice muito cedo na evolução do reino animal. Portanto, o elevado nível de desenvolvimento dos traços morfológicos e comportamentais destes animais em comparação com os vertebrados é apenas uma analogia que se deve ao poderoso aumento do nível global de actividade vital característica dos três grupos de animais.

De um ponto de vista filogenético, os equinodermos são de grande interesse porque, tal como os vertebrados, são de interesse secundário, ao contrário dos primíparos, cujo sistema nervoso está localizado no lado ventral do corpo, que inclui tanto os moluscos como os artrópodes.

O problema da origem do trabalho

A mão humana (o seu desenvolvimento e transformações qualitativas) ocupa um lugar central na antropogénese, tanto física como mentalmente. As suas excepcionais capacidades (tácteis) desempenharam um papel importante neste processo. As condições prévias para a origem da actividade laboral devem ser procuradas principalmente na função de agarrar os membros anteriores dos mamíferos. Pode-se colocar a questão, porque é que os maupers se tornaram os antepassados dos humanos? Porque não poderia outro grupo de mamíferos ter dado origem ao desenvolvimento de criaturas inteligentes, especialmente porque a função de agarrar não é o privilégio apenas dos monges? Ao procurar respostas a estas questões,

Fabry examinou, numa perspectiva comparativa, a relação entre as funções principais (locomotoras) e acessórias (manipuladoras) dos membros anteriores em Maupas e outros mamíferos e descobriu que a manipulação era decisiva no processo antropogénico. A participação activa simultânea de ambos os membros dianteiros na manipulação de objectos está associada à sua frequente libertação da função de apoio e locomoção, servindo como barreira à especialização para uma corrida longa e rápida.

As funções suplementares menores, incluindo a preensão, são fracamente expressas em ursos, guaxinins e alguns outros mamíferos (principalmente roedores e carnívoros), mas aqui a evolução da função motora foi determinada pelo antagonismo entre as funções principais e suplementares dos seus membros dianteiros.

A única excepção entre os mamíferos, segundo Fabry, são os primatas. A sua forma principal e primária de locomoção consiste em trepar por agarrar ramos e esta forma de locomoção constitui assim a função básica dos seus membros. No entanto, este modo de locomoção é combinado com o reforço e preservação da oposição do primeiro dedo aos outros, que está harmonicamente ligado aos requisitos de manipulação com objectos. Portanto, as funções principais e adicionais dos membros torácicos não estão em relações antagónicas com os mouros e apenas com eles, mas estão harmonicamente ligadas umas às outras. Esta circunstância é uma das mais importantes diferenças na evolução da actividade motora dos primatas. Com base na combinação harmoniosa de funções manipuladoras com a locomoção e o seu reforço mútuo, tornou-se possível um desenvolvimento tão poderoso de capacidades motoras excepcionais, que elevou os mamíferos sobre outros mamíferos e lançou as bases para a formação de capacidades motoras específicas da mão humana.

Os estudos de Fabry mostraram que devido à ausência de antagonismo entre as funções do membro torácico nos primatas, ao contrário de outros mamíferos, a função táctil da mão desenvolveu-se simultaneamente em duas direcções: 1/ no sentido de um aumento da exaustividade dos objectos de agarrar e 2/ no sentido de um aumento da flexibilidade, variabilidade dos movimentos de agarrar. Só um tal desenvolvimento poderia servir de base evolutiva suficiente para a origem da utilização de ferramentas.

É também importante notar que, como resultado do desenvolvimento peculiar da háptica em Maupas, a mão humana, segundo o famoso antropólogo M.F. Nesturh, reteve geralmente o tipo básico - o tipo de construção a partir de antropóides escavados. Uma transformação morfológica relativamente pequena foi suficiente para realizar acções laborais, as manipulações mais precisas e outros movimentos.

A formação de comportamentos antropóides foi influenciada pelo desenvolvimento de sensores de membros (pele, bolsas articulares). Um ponto extremamente importante aqui é a interacção da sensibilidade táctil-quinestésica da visão na interacção. I.M. Sechenov já notou uma enorme importância desta interacção como factor de formação da actividade mental de uma pessoa em que "a formação e educação primária dos sentimentos" é feita pelo sentido muscular e sensibilidade táctil da mão em relação aos movimentos da mão e visão. Taillard de Chardin também apontou a ligação principal na antropogénese dos movimentos manipulativos e da visão estereoscópica. O processo está inter-relacionado: à medida que a visão é 'aprendida' pelo sentido motor da mão, os próprios movimentos da mão são cada vez mais controlados, corrigidos pela visão. Segundo Fabry e a este respeito, os mamíferos são uma excepção: só eles têm tais interacções, o que é também um dos pré-requisitos mais importantes para a antropogénese. É impossível imaginar a origem mesmo das mais simples operações laborais sem essa interacção, sem o controlo visual da acção da mão.

Conclusão

Quais são os benefícios específicos para o ser humano e a compreensão da sua psique do estudo do comportamento e da psique animal?

Primeiro, recordemos os principais argumentos relativos ao parentesco homem-animal e às características puramente humanas: a homologia de órgãos e sistemas separados, a proximidade de genótipos humanos e animais, especialmente chimpanzés e bonobos, a presença de atavismos e rudimentos no corpo humano, etc. indicam que os seres humanos são o produto da evolução de um determinado grupo animal.

- para a emergência da linguagem e da fala, os humanos têm os pré-requisitos - nascem com uma morfologia pronta do aparelho vocal, laringe e centros da fala no córtex cerebral (Broca e Wernicke). Para a percepção dos princípios e leis da natureza, o homem tem um cérebro complexo, um córtex complexo, uma grande massa cerebral tanto absoluta como relativa (em comparação com a maioria dos mamíferos modernos), o maior índice quadrático do cérebro, a presença de centros de fala, órgãos sensoriais complexos, a capacidade de manipular o membro torácico, etc. A peculiaridade dos seres humanos é que cada um dos sujeitos deve passar a sua própria forma de conhecimento, herdando a experiência dos pais, pares, sociedade (os génios não nascem, tornam-se génios!);

- a psique é o produto da manipulação, da visão estereoscópica, da complexidade do SNC, da capacidade dos neurónios de se acumularem no processo de aprendizagem e da adaptação das ligações de algumas células nervosas com outras por meio de sinapses;

-Em animais e humanos, a formação de reflexos condicionados depende do nível de desenvolvimento do SNC, bem como do reforço e motivação (dons, diplomas e medalhas são importantes para o sucesso na escola e no trabalho!!);

-e a impressão inerente de uma pessoa à sua própria mãe, aos brinquedos, aos números e letras vistos pela primeira vez;

- Instinto - complexo de acção fixa (FAC) - esfera interna, homeostasia; estereótipo dinâmico - complexo de reflexos condicionados adquiridos - esfera externa, comportamento;

-Inquirir reflexos no desejo de aprender coisas novas, de explorar o desconhecido, o medo do desconhecido é inerente tanto aos seres humanos como aos animais;

-algumas espécies animais utilizam instrumentos e até tentam melhorá-los, mas ainda não têm um plano de acção definido, não são capazes de fazer uma ferramenta com outra, não fazem ferramentas a sério, não mantêm a ferramenta que fizeram (até os chimpanzés usam um pau para apanhar térmitas, deitam fora, todas as noites quando se preparam para dormir, fazem um novo ninho, onde dormem eles próprios ou com as suas crias), mas mais importante, os animais não podem passar o conhecimento adquirido não através de demonstração directa aos seus descendentes;

-A agressão é também inerente aos seres humanos;

-altruísmo é também inerente aos animais;

-O cuidado da descendência é inerente em vários graus em muitos animais; em aves e mamíferos, especialmente em humanos, é melhor expresso; em peixes e anfíbios apenas em algumas espécies;

-O canibalismo também é comum aos humanos (Australopithecines). O canibalismo como método primitivo de sobrevivência é característico de muitos representantes do reino animal, também ocorre em chimpanzés, mas em relação a indivíduos de outra população ou grupo (roubam e comem crias de chimpanzés, leitões segundo Goodall), em humanos durante a fome, até há pouco tempo em aborígenes de alguns territórios insulares asiáticos;

-Sentido do próprio território também existe nos seres humanos;

-O homem é uma criatura social e por isso, em isolamento prolongado, degenera e morre rapidamente;

-O instinto de migrar é também inerente aos humanos;

-As emoções também ocorrem nos animais; as emoções ajudam os humanos a recordarem-se mais profundamente e são acompanhadas por expressões faciais, gestos e manipulações;

-tensão também pode ocorrer nos animais; nos humanos, as tensões de natureza verbal são obviamente as mais destrutivas para a psique;

A hierarquia nos seres humanos manifesta-se de uma forma peculiar durante a infância, crianças de baixa patente castigam-se por negligência: batem na cabeça ou batem com a cabeça contra a parede da cama, os chimpanzés mordem as pernas;

Nos animais, o líder é frequentemente o mais forte mentalmente; nos humanos, o mais inteligente, mais bonito, mais bem relacionado;

-Incesto é derivado de animais, embora nos chimpanzés se manifeste normalmente acidentalmente. Nos humanos, o incesto, a promiscuidade, o canibalismo são restringidos por: consciência, religião, cultura, moralidade, etc. Os suicídios em animais são desconhecidos (o escorpião mata-se com o seu ferrão quando cercado pelo fogo, etc.) não são provados experimentalmente e são fabricações humanas ou observações superficiais e conclusões incorrectas;

-Os rituais para o enterro dos mortos em animais são desconhecidos (mesmo em chimpanzés);

-não há artistas ou músicos entre os animais, embora os animais adorem brincar: mesmo predadores com presas potenciais, ou membros de outras espécies ou classes, ou com objectos inanimados.

A maioria das pessoas acredita que os animais são incapazes:

rir, cantar, dançar, chorar, pensar, planear, acreditar em poderes do outro mundo, lamentar e enterrar entes queridos mortos, astúcia, analisar, inferir, criar, falar, não ter escrita, não poder fazer e aperfeiçoar as ferramentas que usam, não fazer ferramentas a sério, reconhecer-se no espelho do seu próprio eu, sonhar. No entanto, foram levantadas dúvidas sobre os primatas superiores e algumas outras espécies de aves e mamíferos. Se algumas das funções acima mencionadas não estão presentes no seu estado embrionário. Alguns pássaros cantam e dançam, alguns chimpanzés com astúcia, alguns animais reconhecem-se num espelho (gatos, elefantes, pegas, papagaios, etc.), mais frequentemente treinados.

O problema é obviamente que estas questões ainda não foram suficientemente exploradas, nem foram desenvolvidas metodologias de investigação adequadas.

Lista de termos utilizados.

Altruísmo - em psicologia, um tipo de actividade, a vontade de sacrificar os próprios interesses em nome de outro. É algo que desafia a explicação.

Amslain é uma linguagem gestual desenvolvida na América para comunicar com os surdos e mudos.

A associação é a relação entre fenómenos mentais em que a actualização de um leva à emergência de outro.

Antropomorfismo - uma forma de pensamento em que o homem primitivo dotou objectos, forças da natureza, animais, seres míticos (deuses, espíritos) com mentais, físicos e intelectuais

as características da pessoa.

Brachiation é o movimento dos primatas nas árvores, saltando de árvore em árvore e agarrando ramos alternadamente com um membro torácico de cada vez.

A reflexão é uma propriedade geral da matéria, que consiste na capacidade dos objectos materiais de responder à acção e influência.

Heterose é a capacidade dos híbridos de primeira geração de superar a capacidade de sobrevivência, produtividade, etc. O melhor das formas paternas.

Um híbrido é a descendência do cruzamento de dois organismos com hereditariedade diferente (genótipos).

Homeostasia é a relativa estabilidade dinâmica da composição, propriedades físico-químicas e biológicas do ambiente interno do organismo humano e animal, a persistência dos parâmetros fisiológicos do organismo vivo.

Um estereótipo dinâmico é um sistema de reflexos sequenciais temporais condicionados de animais superiores e humanos.

A heurística é a arte de descobrir, de encontrar coisas novas, certos métodos de investigar o mundo objectivo.

A etologia é a ciência que estuda os padrões de comportamento dos organismos nas suas várias manifestações.

O feedback é o efeito do resultado do funcionamento de qualquer sistema (incluindo sistemas não vivos) sobre a natureza desse funcionamento...

A Zoopsicologia é um ramo da psicologia que estuda o desenvolvimento da psique dos animais.

O uso de ferramentas animais é uma forma específica de comportamento animal com objectos quando afecta outro objecto ou animal com um objecto.

A impressão é o processo pelo qual um indivíduo desenvolve uma forte selectividade individual em direcção a estímulos externos no início do seu desenvolvimento.

O instinto é um conjunto de reflexos incondicionados que surgem em resposta a estímulos internos e externos. Nos insectos, o comportamento é determinado quase exclusivamente por instintos; na maioria dos vertebrados, os comportamentos são, na sua maioria, reflexos condicionados.

Incesto é a relação sexual entre parentes próximos (incesto), um termo mais comummente utilizado em relação aos seres humanos.

Inzucht é o cruzamento de organismos estreitamente relacionados. O termo é mais frequentemente utilizado em relação às plantas.

O jogo dos animais é um complexo de vários actos comportamentais que podem servir para libertar energia armazenada ou actuar como "treino"   para o jovem animal em áreas importantes de actividade.

O comportamento de imitação é a capacidade de um animal de copiar

os movimentos, as expressões faciais e a voz de outro animal.

A inteligência é a capacidade de pensamento de uma pessoa.

Animais **imaturos** (imaturos) - utilizados para mamíferos, para aves - insectívoros.

O cariótipo é a totalidade dos cromossomas de um organismo, o seu conjunto diplóide.

O canibalismo, a alimentação por animais da sua própria espécie em condições de vida desfavoráveis, também ocorreu no homem primitivo.

As cineses são movimentos (deslocações, movimentos no local) que
ocorrem em plantas sob a acção de males (a acumulação
de massa celular, por exemplo o acúmulo de tecido foliar
no lado da luz) ou turgor (pressão de fluido intracelular,
por exemplo a abertura de flores pela manhã).

A cinética é um conjunto de movimentos corporais (gestos,
expressões faciais) utilizados na comunicação com
pessoas, em animais, movimentos de orelha e cauda).

A actividade construtiva dos animais é a manipulação de objectos
com os quais o animal constrói um objecto complexo
(ninhos de aves, chimpanzés, etc.).

Locomotion (em animais) é o movimento, movimento activo no
espaço (rastejar, andar, correr, voar, etc.) através do
sistema locomotor (membros, asas, cauda).

O loshak é um híbrido entre um burro fêmea e um cavalo macho.

Métodos zoopsicológicos - formas de obter informação sobre o
comportamento de um animal, com base na observação,
ou experimentação.

A manipulação é uma actividade motora que engloba todas as formas
de movimento dos componentes ambientais no espaço:
mão, mão, dedos (nos humanos) boca de mão, boca de pé,
boca de cauda, boca de tronco (nos animais).

Na América, os **mulatos** são a descendência de uma raça caucasiana
casada com um negro.

Os Métis são a descendência da reprodução cruzada entre pessoas de
raças diferentes.

A monogamia é uma relação entre os sexos em que o macho acasala
com a mesma fêmea durante um período de tempo mais
ou menos longo (uma ou mais estações, ou mesmo uma
vida inteira) e participa na criação das suas crias.

Mimicry é um movimento expressivo de músculos faciais, uma
forma de expressão de sentimentos em humanos e alguns
animais.

Uma mula é um híbrido de um cavalo (fêmea) e de um burro
(macho).

A neurose experimental é uma condição que ocorre num animal
durante uma experiência e que se caracteriza por um

comportamento adaptativo deficiente, recusa de comer, perturbações autónomas, perturbações do sono, incapacidade de formar novos e antigos reflexos condicionados não-reprodutivos.

O reflexo de orientação é uma resposta animal e humana complexa à novidade de um estímulo, a que I.P. Pavlov chamou o reflexo "o que é isso?

O parasitismo é um tipo de simbiose entre diferentes espécies em que um organismo (parasita) vive dentro ou sobre o corpo de outro organismo (hospedeiro, denizen), causando algum dano mas não matando, ao contrário de um predador.

A poligamia é, nos animais, a impregnação de várias fêmeas por um único macho durante a época de reprodução.

A partenogénese é uma forma de reprodução sexual em animais e plantas em que os ovos se desenvolvem sem fertilização.

Uma população é um agregado de indivíduos da mesma espécie que são capazes de praticar o cruzamento livre (pan-mixagem), habitam um território específico e estão em certa medida (por vezes de forma bastante insignificante) isolados das populações vizinhas.

Os libertadores são estímulos externos e internos que se combinam para formar uma resposta de gatilho.

O arco reflexo é o caminho percorrido pelo impulso nervoso desde o receptor até ao órgão executante.

O isolamento reprodutivo é a incapacidade de duas espécies animais, mesmo estreitamente relacionadas, acasalarem e produzirem descendência reprodutora.

Sambo são filhos nascidos de casamentos de índios sul-americanos e negros.

O imprinting sexual é um tipo de imprinting em que um animal jovem se lembra de traços característicos (coloração, etc.) de um membro do bando oposto da sua espécie, o que é um pré-requisito importante para o acasalamento posterior.

O comportamento territorial animal é um conjunto de diferentes formas de actividade animal que visa a conquista e utilização de um determinado espaço de vida.

Turgor é a pressão hidrostática interna de uma célula viva que causa tensão na membrana celular.

Táxis - intrínsecos aos organismos unicelulares que são capazes de se mover livremente (protozoários, espermatozóides, etc.) para ou longe de condições ambientais favoráveis.

Fenótipo é o conjunto de propriedades e características de um organismo que evoluíram a partir da interacção do genótipo e das condições ambientais.

As feromonas são substâncias biologicamente activas libertadas para o ambiente por animais que afectam especificamente o comportamento, o   estado fisiológico e   emocional ou o metabolismo
outro indivíduo da mesma espécie.

A impressão filial é um tipo de impressão caracterizada por uma "resposta seguinte", em que o animal jovem segue o objecto de fixação em todo o lado.

Reconhecer o Homing- (baseado em respostas instintivas e reflexas condicionadas) o local de nascimento ou o último local de residência, literalmente a própria casa.

A idade semelhante à dos chimpanzés é um período especial no desenvolvimento físico e mental de uma criança dos 10 aos 12 meses de idade, quando as suas acções se assemelham às de uma maupa.

O período juvenil é o período lúdico em animais superiores que termina com o início da puberdade.

Lista de referências

Anokhin P.K. Biologia e neurofisiologia do reflexo condicionado. M. 1968. -350 pp.

Beritashvili I.S. Vertebrate Memory Characteristics and Origin M.1974

Wagner V.A. Obras seleccionadas sobre zoopsicologia Moscovo: Nauka,2002.

Wagner V.A. Comparative PsychologyM., 2003.

Voronin L.G. Evolução da actividade nervosa superior.

Gehring R., Zimbardo F. Psicologia e Vida. Peter,2004.-950s.

Dewsbury D. Comportamento animal. Aspectos comparativos. Moscovo, 1981.-360s.

Darwin C. Sobre a expressão das sensações no homem e nos animais. // Obras Coleccionadas M. 1953

Dembowski J. A psicologia dos macacos. M.,1963

Deryagina M.A. Actividade manipulativa em primatas M, 1986.-126p.

David Myers Psicologia Social. Curso Intensivo/4ª Edição Internacional. Санкт-Петербург.-2007.-510с.

Jane Goodall Chimpanzés na Natureza. Comportamento M.-1992.-670 pp.

3ajchenko G.M. Zoopsicologia e psicologia: Textos de palestras. - K., 1992

Zorina Z.A. Elementos de pensamento de animais e aves. // O Livro-texto de Zoopsicologia e Psicologia Comparativa. M,1998

Zorina Z.A., Poletaeva I.I. Zoopsicologia. Moscovo, Aspis-Progress, 2001.

Gippenreiter Y. B. Introdução à Psicologia Geral: Um Curso de Palestras. - Moscovo: Moscow State University Press, 1988.

Luria A. R. Uma Introdução Evolutiva à Psicologia. - Moscovo: Moscow State University Press, 1975.

Maksimenko S.D. "Psicologia na Prática Social e Pedagógica" - K., 1998;

M'yasoshch P.A. Zagalna psihologia. K., 1998

M.M. Por1vnjalna morfologia do sistema nervoso das articulações cranianas torácicas. Resumo do autor. Dissertação de Doutoramento em Filosofia K.-1996.-44p.

Zoopsicologia com elementos de psicologia. K.K-L1ra, 2017, 208 p.

Ilyichev V.D., Silaeva O.L. Talking Birds M., 1990.

Agressão de Konrad Lorenz. Moscovo:Mir,1994.-270 pp.

Kropotkin P.A. Ajuda mútua como factor de evolução: Conselho
    Editorial de Auto-educação; Moscovo; 2007

Krushinsky L.V. Fundamentos Biológicos de Raciocínio: Aspectos
    Evolutivos e Fisiológicos do Comportamento. M.,1986.

Krushinsky L.V., Zorina 3.A., Poletaeva I.I., Romanova L.G.
    Introdução à ztologia e genética comportamental. - M., 1983.

Ladygina-Kots N.N. Desenvolvimento da psique no processo de
    evolução dos organismos. M.1959

Levchenko N.T. Actividade de sinal de uma família de abelhas.
    Kiev, 1976. 350 pp.

Leontiev A.N. Problemas de desenvolvimento mental. M.,1972

Linden Y. Monkeys, homem e língua. M., 1981.

Luria A.R. Uma introdução evolutiva à psicologia. -
M,1975.

McFarland D. Comportamento animal. Psicobiologia, etologia e
    evolução. M., 1988.

Matthias Freudet Animal Builders.Moscow:The World,1986.215 pp.

Menning O. Comportamento animal. Um curso introdutório. - M.,
1982.

Panov E.N. Comunicação no mundo animal. Sinalização e
    "linguagem" dos animais. - Moscovo, 1970.-25p.

Panov E.N. O comportamento animal e a estrutura etológica das
    populações. M., 1983. 423 pp.

Panov E.N. Mecanismos de comunicação nas aves. M.1986.

Pravtorov G.V. Zoopsicologia para humanitário// Tutorial.
    Novosibirsk:Izd vo YUKEA...-2001.-390s.

Reznikova J.I. The study of instrumental activity as a way to integral
    estimation of cognitive capabilities of an animal// Journal of
    General BiologyT.67, No.1, 2006. 3-22.

Sergeev B.F. Estágios de evolução do intelecto V.-L.-1986

Instinto Slonim A.D. Enigmas do comportamento inato dos
organismos.L.1967

Saveliev S.A. Introdução à zoopsicologia. M, 2000

Simakov Y.G. O incrível mundo dos animais Segredos do

comportamento sexual.M:Ripple Classic.-2007.-319p.

Psicologia comparativa e zoopsicologia. Livro-texto / Edited by G.V.
Kalyagina. - SPb., 2004.

Sotskaya M.N. Zoopsicologia. http://www.myword.ru

Tinbergen N. Comportamento social dos animais. Moscovo, Mir, 1993 -152 pp.

Tikh N.A. Onagénese precoce do comportamento de primatas. Um estudo psicológico comparativo. Л.,1966.

Trut L.N. Ensaios sobre a genética do comportamento. - Novosibirsk, 1978.

Turinsha O.L., Serdyuk L.Z. Por1vnjalna psihologja, K.-2005.-25p.

Fabry C.Z. Fundamentos da zoopsicologia. - M., 1993

Fabry K.E. Brinca com animais. M., 1985.

Fabry K.E. Para o problema do jogo em animais // Boletim da Sociedade de Ensaios da Natureza de Moscovo. Departamento de Biologia. 1973. T. 78. Vol. 3.

Fabry K.E. Fundamentals of Zoopsychology//M.-1999...-464 pp.

Fabry K.E. On Imitation in Animals // Voprosy psychologii. 1974. № 2.

Fabry K.E. Acções de ferramentas para animais. M., 1980.

Firsov L.A. Comportamento dos antropóides em condições naturais. Л., 1977.

Firsov L.A. Nas pegadas de Mowgli//Language num oceano de línguas. Novosibirsk, 1993.

Fossey D. Gorillas no Fog.

Frisch, K. Da vida das abelhas. Moscovo, Mir, 1980.

Um leitor em Zoopsicologia e Psicologia Comparativa/Tutorial. Manual/Compilado por M. N. Sotts. M.N. Sotskaya, MSPSU,2003.

Livro-texto. Psicologia Comparativa e Zoopsicologia: Peter:São Petersburgo, Moscovo, Kharkov, Minsk.-2001.-412p.

Khalifman I. As abelhas. Mundo, 1952.

Heind R. Comportamento animal. Uma síntese da etologia e da psicologia comparativa.

Horn G. Memory, imprinting e o cérebro. Um estudo dos mecanismos. Moscovo, Mundo, 1988. 343 pp.

Chaychenko G.M. Zoopsicologia e psicologia. Textos de palestras. K.,1992.

Chauvin R. Comportamento animal. M-1972.-356 pp.

Ehrman L., Parsons P. A genética do comportamento e da evolução. M.1984. 566s.ru "Experimentar o Universo 25" Etologie.ru

Tabela de Conteúdos

Nikolai Ilyenko

Nikolai Nikitovich Ilyenko. Os interesses de investigação do autor são neuromorfologia, anatomia comparativa, problemas evolutivos, zoopsicologia. A monografia é o resultado da sua investigação científica e análise de literatura especial. É autor de 145 obras científicas e metódicas, incluindo 2 monografias, 1 livro didáctico e 4 manuais para estudantes.

Os mais importantes estereótipos vitais da dinâmica animal

A monografia inclui alguns resultados da pesquisa do próprio autor, palestras que proferiu aos estudantes da Universidade Nacional Taras Shevchenko Kyiv e hoje em dia da Academia Humanitária e Pedagógica de Kremenets com o nome de Taras Shevchenko. O trabalho é baseado nas suas palestras de várias disciplinas: zoologia, anatomia comparativa, ensinamentos evolutivos, adaptação biológica e social humana, antropologia, bem como dados da literatura especial. O artigo descreve os principais estereótipos dinâmicos vitais dos animais - alimentação e reprodução.

. É demonstrada a correlação entre o comportamento e a psique dos animais, bem como o nível de desenvolvimento do seu sistema nervoso. É dada muita atenção a exemplos de reacções instintivas. São consideradas as questões da memória, discernimento, altruísmo, agressão, etc., nos animais.

yes
I want morebooks!

Buy your books fast and straightforward online - at one of world's fastest growing online book stores! Environmentally sound due to Print-on-Demand technologies.

Buy your books online at
www.morebooks.shop

Compre os seus livros mais rápido e diretamente na internet, em uma das livrarias on-line com o maior crescimento no mundo! Produção que protege o meio ambiente através das tecnologias de impressão sob demanda.

Compre os seus livros on-line em
www.morebooks.shop

Printed by Books on Demand GmbH, Norderstedt / Germany